JN335633

美しすぎる世界の貝
SHELLS OF GREAT BEAUTY

002 · Shells of Great Beauty

ヒメヒオウギ　*Mimachlamys sanguinea*

はじめに

　浅瀬や深海の底で、そして密林の葉影で、日々小さな（時にはそれなりに大きな）軟体動物たちが築き続けている住まい＝貝殻。その驚くほど多様な形や目を見張るような色柄も、家主たちにとってみれば生き残るための必然の形であり、環境に決定づけられた色柄に過ぎないのかもしれません。
　しかし、私たち人間の目に貝殻は、時に数百年の伝統工芸や最先端のファッションすら彼らの模倣かと思うほど、豊かなバリエーションと美しさに満ちています。
　本書は、そうした「貝の美」を主題として企画されました。通常の図鑑は、できるだけ多くの種を掲載するため、限られた写真しか掲載できないという宿命にありますが、本書では掲載数を絞り込み、できるかぎりのリアリティーでそれぞれの貝の姿をお伝えできるよう、撮影、構成を試みています。
　信じがたいほど鮮やかな色彩、繊細極まる彫刻、ほれぼれするようなバランス、そして神秘的な造形。美と謎を秘めた貝の驚異の世界へ、扉を開いてみてください。

CONTENTS

2 はじめに
ヒメヒオウギ

8 貝の来歴
アイスランドガイ

10 ベルヌーイの螺旋
コトショッコウラ、スクミボラ、サカマキボラ、クロスジグルマ、コダママイマイ、イトマキビワガイ、オオタワラガイ、タガヤサンミナシ、ミダレシマヒメヤマタニシ、アラレヘリトリガイ

12 オオベソオウムガイ

14 アンモナイト、トグロコウイカ

16 ジェームズホタテ

18 Column 神話伝説に表れた貝

20 Column ゴホウラ製貝輪
——貝の道を通じて九州にもたらされた沖縄の貝
ゴホウラ

22 Shells of Heaven
常世の貝
ミズスイ、ガラパゴスカセン、チマキボラ、カブラガイ、スクミボラ、ネジヌキエゾボラ

40 Elegant Shapes
水底のエレガンス
オヤズル、イトグルマ、シマツノグチ、クロスジグルマ、オオイトカケ、ホソニシ、ニシキマクラ

54 Precious Cowries
海の宝石、タカラガイと仲間たち
ナンヨウダカラ、ハチジョウダカラ、ホシダカラ、リュウグウダカラ、シンセイダカラ、サラサダカラ、オウサマダカラ、オトメダカラ、ニッポンダカラ、テラマチダカラ、パライロボタンガイ、メキシコパライロボタン、スジパライロボタン、ウミウサギ、ヒガイ、カフスボタン

74 Gifted Cone Shells
イモガイの奇才
ニンギョウイモ、キュウコンイモ、ニンジンインモ、アヤメイモ、ハルシャガイ、アカシマミナシ、ミカドミナシ、ワラベイモ、カリブイモ、ナガシマイモ、ツマリグラハムイモ、ロレンツイモ、カスガイモ、ウミノサカエイモ、タガヤサンミナシ、ツボイモ、ヒメノウイモ、カワリイモ、ボタンユキミナシ、グラハムイモ、テンジクイモ、イトカケイモ、クロザメモドキ、アンポンクロザメ、ナンヨウクロミナシ、クロフモドキ

86 Column イモガイの成長—驚きの内部

88 Shells of Splendour
貝たちの豪邸
ミダースオキナエビス、ヒメオキナエビス、リュウグウオキナエビス、ベニオキナエビス、クジャクアワビ、マキミゾアワビ、ブランデーガイ、イナズマコオロギ、クレナイコオロギ、ツノヤシガイ、オオカンムリボラ、ダルマカンムリボラ、ネジヌキバイ、サカマキボラ、ビワガイ、オオビワガイ、シャンクガイ、ホラガイ、インドフジツ、ピンクガイ、ヒイラギガイ、テングガイ

128 Patterns and Textures
華麗なる文様
ミサカエショッコウラ、コトショッコウラ、パライロショッコウラ、ジュセイラ、バンザイラ、ショウジョウラ、リュウテン、オオサラサバイ、メキシコタマガイ、ハナヨメタマガイ、アラビアミソラタマガイ、イガタマキビ、スクミウズラ、ハデミノムシ、ミサカエミノムシ、カノコミノムシ、カゴメミノムシ、マルノノガイ、ミズイロツノガイ、ゾウゲツノガイ、ニシキツノガイ

152　**Elaborate Work**
　　精緻な工作
　　マダラクダマキ、ラセンオリイレボラ、クレナイセンジュガイ、オオギリ

160　**Mysterious Forms**
　　神秘の形態
　　ミヒカリコオロギ、スイジガイ、シュモクガイ、カジトリグルマ、ハリナガリンボウ、ショウジョウカタベ、クマサカガイ、スミスエントツアツブタガイ、ルンバソデガイ、トサカガキ、コブナデシコ、ショウジョウガイ、カナリーヒザラ、ムラサキコケミミズガイ

184　Column 紋章になった貝

186　**Transparent Shells**
　　透明な貝
　　アオミオカタニシ、クラゲツキヒ、ハリナデシコ、ヒラユキミノ、ニシノツツミガイ、クリイロカメガイ、ササノツユ、ヒラカメガイ、ウキビシガイ

192　**Colourful Shells**
　　色彩の饗宴
　　ヒメヒオウギ、エメラルドカノコ、チサラガイ、オオシマヒオウギ、ヒオウギ、アラフラヒオウギ、ヒヤシンスガイ、イチゴナツモモ、テイオウナツモモ、ゴシキカノコ、イロタマキビ、テマリカノコ、サラサバイ、クサイロカノコ、アヤメケボリ、ルリガイ、アサガオガイ

210　**Sunrise Designs**
　　日の出文様の貝
　　トライオンニシキ、ダイオウスカシガイ、ニチリンガサ、ゴライコウサラガイ、メキシコサラサヒノデ、ヒメニッコウガイ、ヒメカミオニシキ、カミオニシキ、アメリカイタヤ、セイヨウイタヤ

218　**Fancy Bivalves**
　　二枚貝の幻影
　　チヂミリュウオウハナガイ、テンシノツバサ、カナリアキンチャク、ケッペルホタテ、ヒレジャコ、マボロシハマグリ、イジンノユメ、キンギョガイ、リュウオウゴコロ、リュウキュウアオイ、ハデトマヤガイ、フカミゾトマヤガイ、カスリトマヤガイ、メキシコモシオガイ

236　**Likened Shells**
　　見立ての貝
　　セキトリマクラ、エンジイモ、カワバトガイ、ウグイスガイ、ツバメガイ、ノアノハコブネガイ、ワシノハ、オオタカノハ、ムカデソデガイ、ピルスブリーウノアシ、フシデサソリ、トナカイイチョウ、トガリウノアシ、ダチョウノアシ、オオツタノハ

252　**Houses of Snails**
　　蝸牛の美しい家
　　ヒメリンゴマイマイ、サオトメイトヒキマイマイ、イトヒキマイマイ類、キスジハワイマイマイ、ミドリパプア、コダママイマイ、ワダチヤマタニシ、クロイワマイマイ、トバマイマイ、ヒシャゲマイマイ、オオタワラガイ、パイプガイ類の一種、アカオオタワラ、ヒダヤマタマキビ

272　各部の名称
273　掲載種解説

296　和名索引
299　学名索引
302　撮影後記、参考文献

嘉永七寅五月十日
雪斎写

武蔵石壽『目八譜』巻之九より。『目八譜』は1845年より刊行された江戸時代白眉の貝類図鑑。図画は服部雪齋他。
このオウムガイの断面図は、「雪斎写　嘉永七年」と記してあるので1854年に服部雪斎が描いたものと思われる。
国立国会図書館貴重書画像データベースより転載

ハッブル宇宙望遠鏡が撮影したM51銀河群の子持ち銀河（Whirlpool Galaxy）中心部。
©NASA and The Hubble Heritage Team (STScI/AURA)

貝の来歴

黒住耐二
千葉県立中央博物館主任上席研究員

　動物学的に「貝」は、軟体動物門(Phylum Mollusca)と同義に扱われる。絶滅したものを除き、軟体動物は、およそ原始的なものから溝腹綱(Class Solenogastres：カセミミズ類)、尾腔綱(Class Caudofoveata：ケハダウミヒモ類)、多板綱(Class Polyplacophora：ヒザラガイ類、p.182)、単板綱(Class Monoplacophora：ガラテアガイ類)、頭足綱(Class Cephalopoda：イカ・タコ・オウムガイ類、p.12-13他)、腹足綱(Class Gastropoda：巻貝類)、掘足綱(Class Scaphopoda：ツノガイ類、p.148-151)、二枚貝綱(Class Bivalvia：二枚貝類)の8つに大別される。このうち、溝腹綱と尾腔綱は、殻を持たずミミズに似たような外見である。化石として残るツノガイ類を除く軟体動物はカンブリア紀(約6億年前～)の初期には出現し、「カンブリア爆発」と呼ばれる他の動物群も多数化石として確認される時期の主役にもなっているといえよう。つまり、この時代に現生する貝の多くが、それぞれの祖先的なものから分かれたわけである。「ヒザラガイの方が、巻貝より原始的」という表現は許されるが、「ヒザラガイから巻貝が進化した」というのは間違いである。同様に「巻貝と二枚貝のどちらが進化した貝か？」という問いに答えはない。「巻貝と二枚貝のどちらが先に地球上に現れたか？」ということには、一応の答え(多分、巻貝が先)はあるものの、もしかすると今後の研究で結果が変わる可能性もある。また、出現した年代に関しても、研究の進展で異なった仲間であったと考えられたり、地層の詳細な年代が変更されるなどにより、絶対確実ではない。

　軟体動物を定義することも、実はかなり難しい。イカ・タコとアサリが同じ動物の仲間と言われても、殻の有無だけではなく、体の作りも違っているので、ピンとこないであろう。詳細に研究を進めるほど例外が多く、理解はしにくくなる。ただ、軟体動物はかなりまとまったグループであることは間違いなく、ここでは「左右対称で、節にならない柔らかい体を持ち、主に貝殻で体を守り、鰓で呼吸し、摂食のため口の中の歯舌を利用するもの」というくらいの表現としたい。

　貝は「軟体動物のつくった殻」であり、海岸で拾えるフジツボやウニなどは「別な動物が作り出した殻」なので、貝とは呼ばない。便利なことに日本語では、貝やフジツボなどを含めて、介の字を用いる。そのため、水産物では貝やカニなどを含めて、魚貝類ではなく、魚介類というのが元々の表記である。ヤドカリはカニなどの仲間(甲殻類：フジツボも!)で、成長すると入っていた貝殻を交換する。貝は、自らが殻の縁に外套膜から分泌する炭酸カルシウムの結晶を付け加えていくことで殻を成長させ、貝殻を交換するようなことは絶対にない。殻を成長させるときに、それぞれの種類に特徴的な様々な模様や棘などの彫刻を作り出すのである。模様や彫刻・殻形態は"適応的"なものである(が、すべてが適応として説明できるわけではなく、各仲間の系統として規定もされる)。この殻に残された成長を木の年輪と同様に数えることによって、年齢がわかる場合もある。この方法で数えら

れた例として、400年間生きていた個体が発見されたアイスランドガイなど、非常に長生きの種もある。

　貝の多くはオスとメスの雌雄異体で、巻貝の多くは交尾を、二枚貝は放卵・放精を行って、受精する。中には、カタツムリのように雌雄同体のもの、シマメノウフネガイのように小さいうちはオスで、大きくなるとメスに性転換を行うものもある。一部の貝では、メスが大きく膨らみ、オスが小さく細いなどの性的二型が存在し、クモガイではサイズの他に、棘の反り返りや結節の状態が異なるという例もある。

　現在の地球上にいる軟体動物は約13万種とされ、さらに7万種ほどが新種と考えられている。日本では約8000種の既知種と1500の未知種があると推定されているが、この推定ではツノガイの未知種は0種であったり、殻が同じでもDNAの塩基配列が異なり別種とされる例が増加するであろうから、もう少しは増えるかもしれないが、日本の貝の概数は1万種というところであろう。その大部分は海産種であり、淡水には巻貝（タニシ・モノアラガイなど）と二枚貝（シジミ・カラスガイなど）が、陸には巻貝（カタツムリ）のみが住めるように適応している。これは、呼吸の仕方や餌の取り方などによるものである。淡水産種は少なく、日本でも120種程度、陸産種は国外ではかなり多く、日本でも約800種である。陸産種の中には、殻を持たないナメクジ類も含まれる。ナメクジ類は陸産のいくつかのグループから殻が退化するように「適応」したものがほとんどである。最近、アクアリウムなどでブームのウミウシ類は、やはり殻の退化した貝で、ほぼ起源はひとつといえる。

アイスランドガイ・アイスランド貝
Arctica islandica
形・彫刻・色彩のどれをとっても、これといった特徴がない。しかし、400年生きた個体があるとされる長命なことで有名な貝。ただ、13年で繁殖するという報告も見られた。この科の現生種はほとんどない。8cm 詳細はp.294

ベルヌーイの螺旋
Logarithmic spiral

　巻貝はいうまでもなく、アワビも渦を巻いており、二枚貝の一部にも同様な形のものが見られる。どれも気まぐれに巻いているのではない。貝の螺旋は「進行方向が中心に対して常に一定の角度」である対数螺旋（等角螺旋）。対数螺旋は大きさが変わっても元の形と一致する。つまり貝は成長しても同じ形態でいられるのだ。この自己相似性を発見し、魅了されたのが17世紀の数学者ベルヌーイである。
　ちなみに、渦巻銀河の渦状腕も対数螺旋に近いといわれている。

コトショッコウラ
Harpa articularis

スクミボラ
Buccipagoda kengrahami

コトショッコウラ
Harpa articularis

クロスジグルマ
Architectonica perspectiva

サカマキボラ
Busycon contrarium

コダママイマイ
Polymita picta

イトマキビワガイ
Ficus ventricosa

タガヤサンミナシ
Conus textile

アラレヘリトリガイ
Marginella goodalli

ミダレシマヒメヤマタニシ
Cyclophorus sericium

オオタラワガイ
Cerion uva

SHELLS OF GREAT BEAUTY

オオヘソオウムガイ・大臍鸚鵡貝
Nautilus macromphalus

殻口近くの黒色部を、鳥のオウムの嘴に見立てて名付けられた。その中でも巻きの中心に穴があることから、大臍とされる。オウムガイは、殻内の液体とガスの量を調節することで、数百mの深海から数十mの浅海にまで移動して生活している。18cm　詳細はp.295

013 · Shells of great beauty

Cadoceras sp. このアンモナイトの化石は、ロシア、ゴーリキ地方産。

アンモナイト

アンモナイトは、オウムガイ（p.12）と同じく巻いた貝殻を持つイカ・タコの仲間で、4億年前頃に出現し、恐竜と同じく6500万年前頃の白亜紀に絶滅した。その殻には様々な彫刻を持っていたり、殻の内側にも多様な形状の隔壁があり、"石"になった断面で花びらのように見えることから菊石の名もある。日本では北海道で多く産出する。

イカの殻（＝甲）だが、巻いており、オウムガイのような壁がある。殻は体に対して縦に入っていて、内部の液体を調節し、浮力を変化させるウキの役目だという。3cm　詳細はp.295
トグロコウイカ・捩甲烏賊
Spirula spirula

両方の殻の膨らみが異なるイタヤガイの仲間だが、膨らみが同じくらいのホタテガイの名が付いている。ホタテは、この貝が「帆を立てて、泳ぐ」ことに因むとされる。泳ぐことは確かだが、帆を立てるほどは貝殻を開くことはできず、また水面に出ることもない。この貝は、十字軍の紋章になったり、石油会社のシンボルともなっている。

12cm　詳細はp.291

ジェームズホタテ・ジェームズ帆立
Pecten jacobaeus

017 · Shells of great beauty

大木卓

神話伝説に表れた貝

　洋の東西を問わず、ホラガイ（Trumpet triton、俗称Conch. *Charonia tritonis*）は、大きな音を遠くへひびかせる吹奏楽器として軍事や宗教用に古くから使われ、日本でも平安時代から山伏が悪霊ばらいや山中の連絡に用いた。英語名や学名の種小名にみられるように、ギリシャ・ローマ神話のトリートーンと関わりのある貝である。

　トリートーンは紀元前700年頃のギリシャの詩人ヘーシオドスの『神統記』に海神ポセイドーンの子で海中に勢力を張る神として登場するが、1世紀始めのローマの詩人オウィディウスの『変身譜』（メタモルポーセース）第2巻では、肩にたくさんの貝殻を付け、水色の肌をしたトリートーンはホラガイを吹き鳴らして水に命令し、洪水を治める（図1）。この半人半魚の神はホラガイを吹いて波を立てたり静めたりできるというので船乗りに信仰された。波を起こす風の音をホラガイの音のように聞いたのであろう。

　貝を描いた一番有名な絵といえば、イタリア・ルネサンスの巨匠ボッティチェルリの『ヴィーナスの誕生』（1486頃、図2）。女神が乗るシャコガイみたいに巨大な貝殻は形からみるとイタヤガイかホタテガイのようなイタヤガイ科の貝である。この女神の誕生の神話はギリシャ神話の美と愛の女神アプロディーテーのそれから来ていて、ヘーシオドスの『神統記』では、この女神は海の泡から生まれたとあって、これには精液や羊水のイメージがあり、生殖を象徴するこの女神の神話はローマ神話のウェヌス女神（英語名ヴィーナス）に受け継がれて、その貝の形は胎児をはらむ女性の腹部に見立てられた。

　ジェームズホタテ（St.James's scallop *Pecten jacobaeus*）のジェームズは『新約聖書』に十二使徒のひとりとして登場するキリスト教の聖人ヤコブのことで、13世紀にイタリアのヤコブス・デ・ウォラギネが聖人伝説を集大成した『黄金伝説』に聖ヤコブがスペインへ伝道した伝説や巡礼者の守護とされた説は出ているが、貝との関係は述べられていない。

　しかし、9世紀にスペインで聖ヤコブの墓が発見されたという縁起が持ち上がり、やがて西北部のサンティアーゴ・デ・コンポステーラにその聖地が定められて西ヨーロッパからの巡礼が盛んになった。フランス中部のソーヌ＝エ＝ロワール県オータンにあるサン

図1：ホラガイを吹くトリートーン

図2：ボッティチェルリ作『ヴィーナスの誕生』（部分）フィレンツェ、ウッフィツィ美術館所蔵
The Birth of Venus Sandro Botticelli (1445-1550)

　ラザール聖堂の1140年頃の石の浮彫りに、ジェームズホタテの記章のついた袋を肩にかけたサンティアーゴへの巡礼者の姿（図3）があるから、この頃には貝と聖人との関係は始まっていて、元は巡礼者が海辺でその貝を拾って水を飲む盃としてたずさえたことに由来するらしい。11世紀から16世紀にかけて聖地巡礼を建て前とした十字軍遠征が起こると聖ヤコブは十字軍の守護神に祭り上げられ、ジェームズホタテは十字軍の記章となったのである。

図3：ジェームズホタテの記章を付けた袋を肩にかけた巡礼者（12世紀フランスの浮彫）

「護る」は、弥生時代などに権力者達が貝輪として身に着けていたことに由来するように思われる。同様な例として、縄文時代を中心に貝輪として用いられた二枚貝のタマキガイ（環貝＝手巻き貝）がある。15cm 詳細はp.277

ゴホウラ・護宝螺
Strombus latissimus

ゴホウラを使って再現した貝釧

貝釧(かいくしろ)とも呼ばれる貝輪は、貝殻を輪切りにして作った腕輪のこと。縄文〜弥生時代の遺跡から多く発見され、巫女や貴人の呪具、服飾品の元として作られたようである。考古学研究家・佐野大和氏の考察によれば、古事記の元となる神話ができた7世紀頃には、貝輪の霊力を表現する記述も残っているという。黄泉の国から逃げ帰ったイザナギが禊祓いの際に投げ捨てた腕輪から「沖つ貝片(おきつかいべら)」辺つ貝片(みそぎばらい)」の二神を含む神々が現れたというエピソードなどが、その一例とされる。

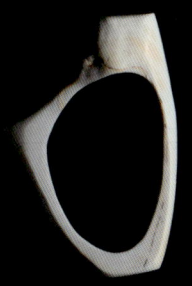

ゴホウラ製貝輪
貝の道を通じて九州にもたらされた沖縄の貝

弥生時代の北部九州では、沖縄で採集されたゴホウラで作った腕輪(貝輪)が権力者などの特殊な人々に用いられていた。この貝を入手するために九州と沖縄の間で人の往来があり、このことは「貝の道」や「南海産貝交易」と呼ばれている。

ゴホウラは淡褐色の貝であるが、表面の層を削ると写真のような真っ白な陶器質となる。全体が円く厚みのある諸岡型と、棘のような出っ張りを持つ薄い立岩型を示した(名前は遺跡名に因む)。薄くすることで多数の装着が可能になり、立岩型貝輪では10個以上も付けた人骨も発掘されている。形の違った貝輪には、アツソデガイやアンボンクロザメ(p.87)等の大型厚質のイモガイ類、オオツタノハ(p.251)も利用されている。いずれも沖縄などの海域で採集される南海産であり、削ると白色となる貝である。

これらの貝輪には、目に見えない力があると考えられていたことから、立岩型の貝輪をイメージして青銅製の有鉤銅釧が作られた。また沖縄に分布するスイジガイ(p.162〜163)を模して、巴型銅器も作られる。時代が下り、古墳時代にも、ゴホウラ製の繁根木型貝釧や鍬形石系のものが現れ、さらにオオツタノハをイメージした石釧や車輪石も古墳等から出土するようになる。沖縄の貝がヤマトに対して強い影響力を持っていた時代だったのである。

黒住耐二

Shells of Heaven
常世の貝

常世とは、黄泉の国がある永遠の世界とも、
海の彼方の理想郷ともされる場所。
どこか現世とは異なる神域から立ち現れたかのような…
そんな霊性さえ放つ白い貝たちを、本書では「常世の貝」と呼んでみた。
※「常世の貝」は佐野大和氏の言葉。

ミズスイ *Latiaxis mawae*

──海上遠く、神秘な赤光をたよわして明滅する不知火（しらぬひ）の、その波の向こうの常世の国からは、はるばるともたらされた珍かな「貝」は、もとより不思議な霊力を宿すものだったのである。──

（柳田國男著『海上の道』と考古学講談社書房に年収録）より

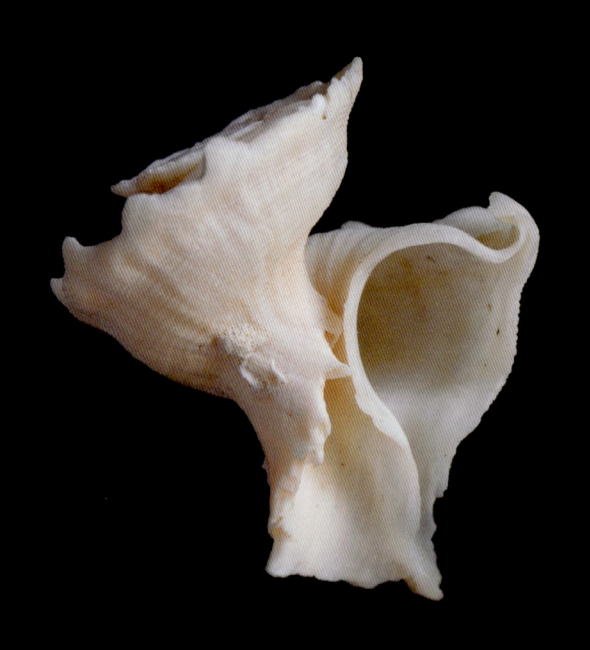

ミズスイ・水吸
Latiaxis mawae

この仲間はサンゴなどの刺胞動物に付いて生活しており、その組織（ポリプ）を摂食するとされるが、造礁サンゴ上に生活するグループでも定住している貝の周辺の組織だけがなく、アッキガイ科のシロレイシダマシ類のように組織を直接には摂食しないのかもしれない。4cm　詳細はp.282

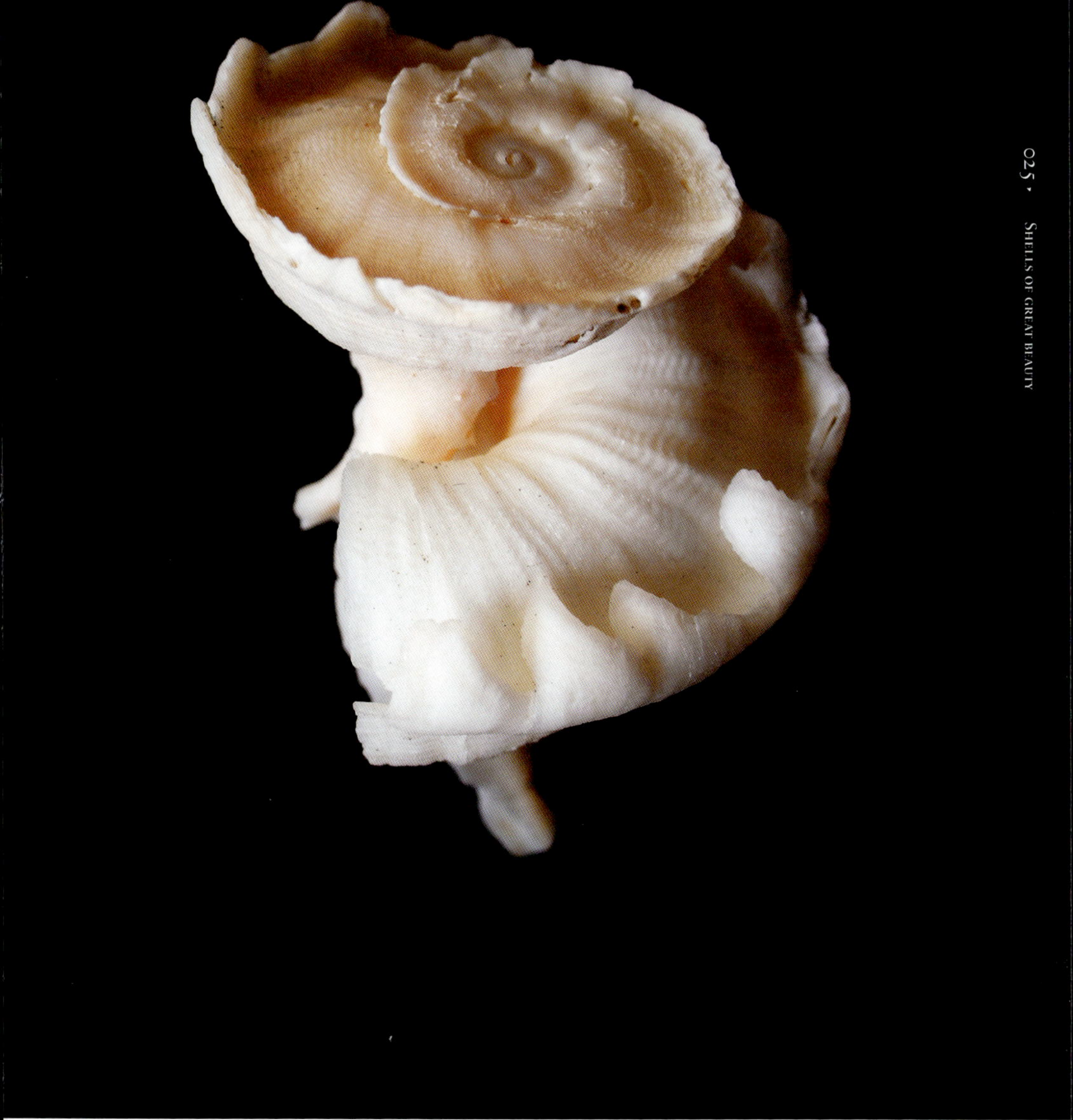

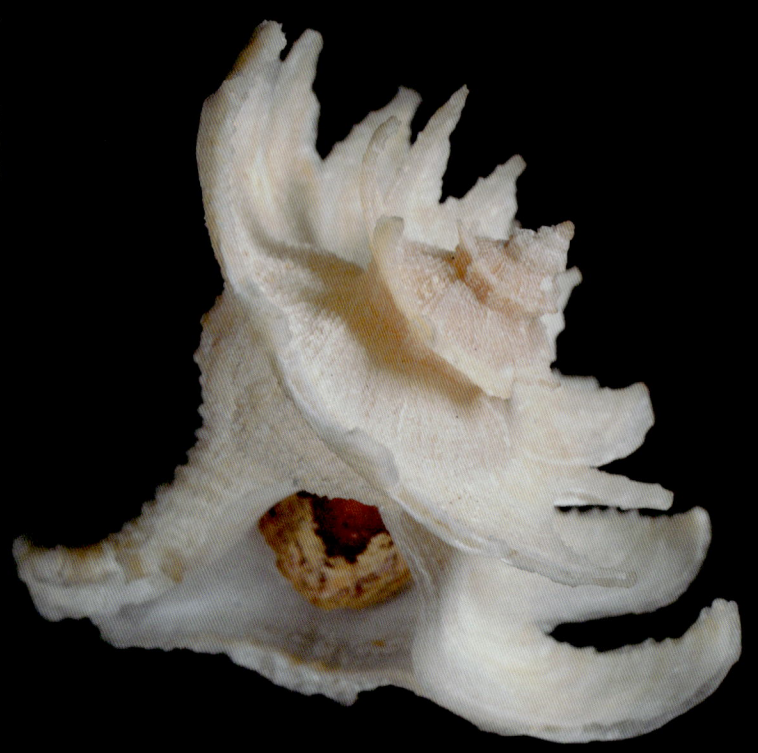

常世の海に咲くナルキッソスは永遠の純白

ガラパゴスカセン・ガラパゴス花仙
Babelomurex santacruzensis

白色半透明で、繊細な彫刻を持つ仲間で、「花中神仙」の略で、花仙貝とされる。ただ、本来は「華鮮」だったともいわれる。その美しさと、希少性から、カセンガイ類は収集家の間で人気のグループである。4cm　詳細はp.282

027 · Shells of Great Beauty

028 ·

Shells of great beauty

チマキボラ　*Thatcheria mirabilis*

029 · Shells of Great Beauty

チマキボラ・千巻き法螺
Thatcheria mirabilis

特異な形をした巻貝で、食べ物のチマキではなく、変わった巻き方をしていることから「千巻」と表現したのではないかとされる。
8cm 詳細はp.287

いかける。
、と。

ション・下／松田浩則訳より

SHELLS OF GREAT BEAUTY

カブラガイ　*Rapa rapa*

033 · Shells of Great Beauty

カブラガイ・蕪貝
Rapa rapa

色と形が野菜のカブ（カブラ）に似ているところから名付けられた。ウミキノコ類というイソギンチャクに近い動物の、海底に固着する部分の内部にすんでいる。6cm　詳細は p.282

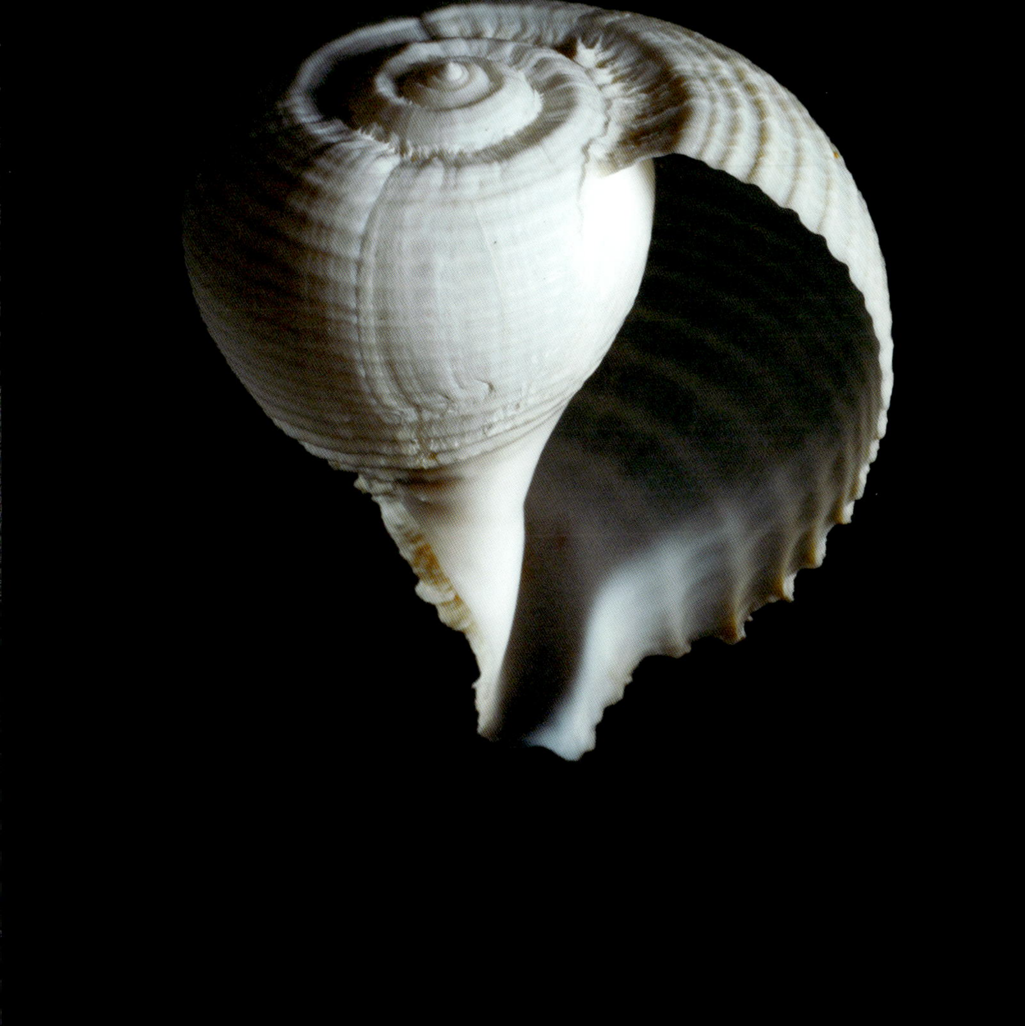

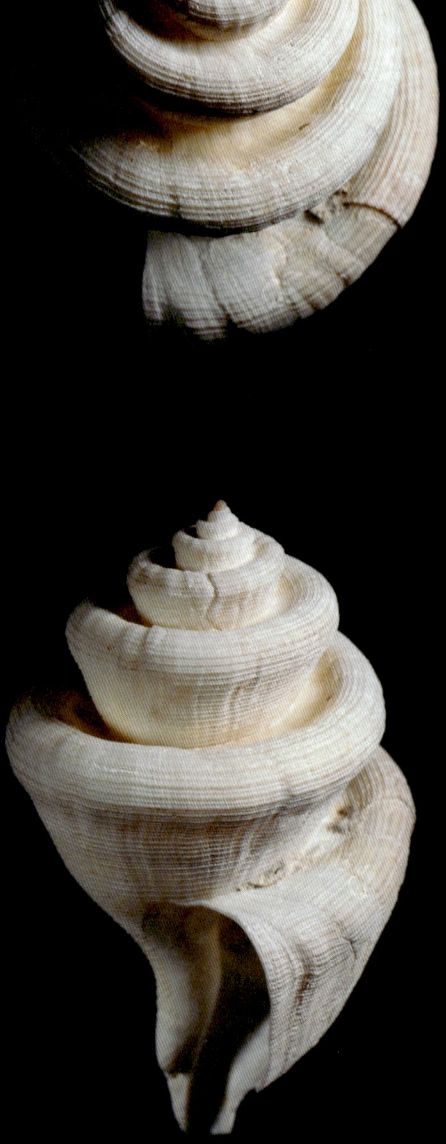

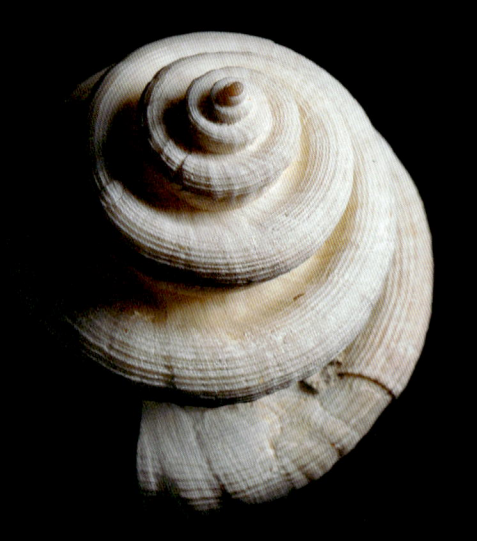

037・Shells of great beauty

白色半透明で、細かな螺状肋を持ち、巻いているところが折れ込むという見事な造形の貝である。7cm 詳細は p.283

スクミボラ・煉み法螺
Buccipagoda kengrabami

巡る螺旋は、白亜の仏塔にも似て

ネジヌキエゾボラ・螺旋抜き蝦夷法螺
Neptunea tabulata

ネジヌキは、ねじを抜く工具に由来する貝の名のようで、殻の巻いているところに強い段差を持つ貝の和名でもある。一方で、茶器でいう「環状の突帯を持つ捻貫（ねじぬき）」からの連想という可能性もある。8cm　詳細はp.282

039・Shells of great beauty

Elegant Shapes
水底のエレガンス

綺麗というだけでは足りない、
あたかも貝自身の美意識でなされたかのように
洗練された彫刻や文様。完成されたプロポーション。
気品さえ漂わせるこの貝たちを、
エレガントという他にどう讃えればよいだろうか。

オヤヅル・親鶴
Cassis fimbriata

同じ科にヒナヅル（雛鶴）という貝があり、それより少し大きいので、親鶴になったと思われる。図示した結節を持つタイプをククリオヤヅルとも呼ぶ。7cm　詳細はp.281

042 · Shells of great beauty

イトグルマの和名は、江戸時代の貝類図鑑・目八譜で「紡車貝（「つむがい」と発音か）」となっている。また紡車と糸車は同じという見解もあり、カタカナ表記の際にイトグルマとなったようである。長い水管を持つ変わった形の貝である。6cm 詳細はp.282

イトグルマ・糸車
Columbarium pagoda

043 · SHELLS OF GREAT BEAUTY

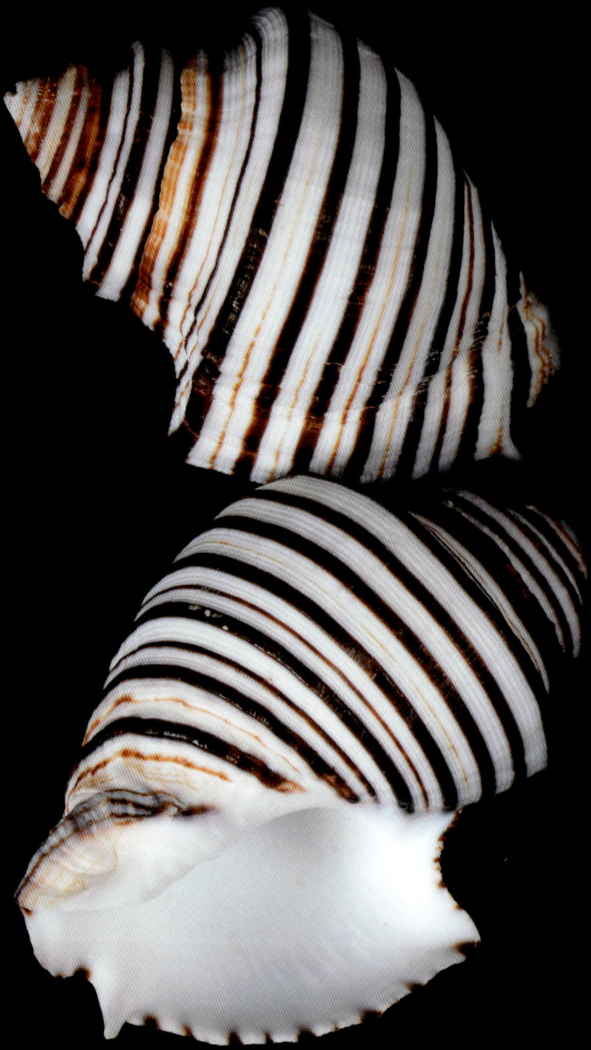

シマツノグチ・縞角口
Opeatostoma pseudodon

殻口外唇に尖った部分を持っており、アッキガイ科のヒレガイなどでは他の貝類を捕食するのに尖った部分を用いる。しかしこの貝では、そうした捕食方法の記述を見つけることができなかった。4cm　詳細はp.283

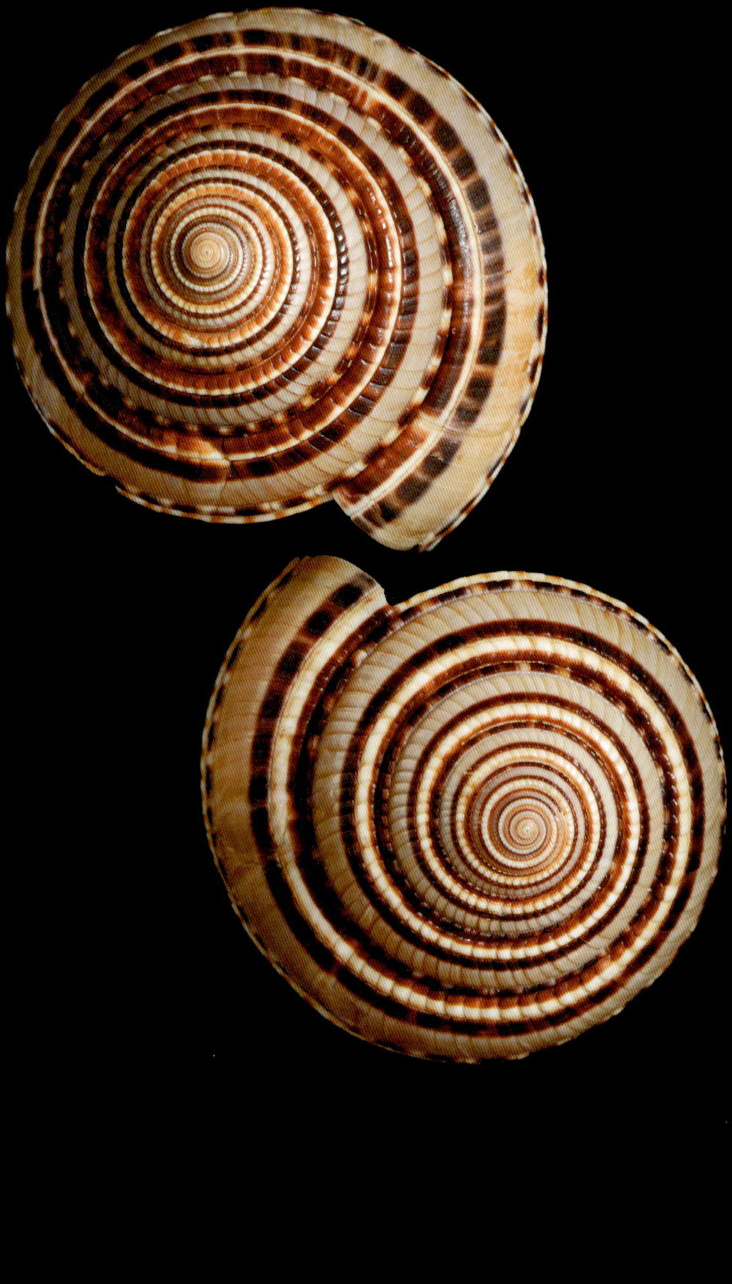

クロスジグルマ・黒筋車
Architectonica perspectiva

車輪のように見えることからクルマガイの名が付き、黒い筋が特徴的なのでクロスジである。浅い場所に生息しており、打ち上げ採集でも摩耗していないきれいな個体を得ることが多い。5cm　詳細はp.287

047・ Shells of great beauty

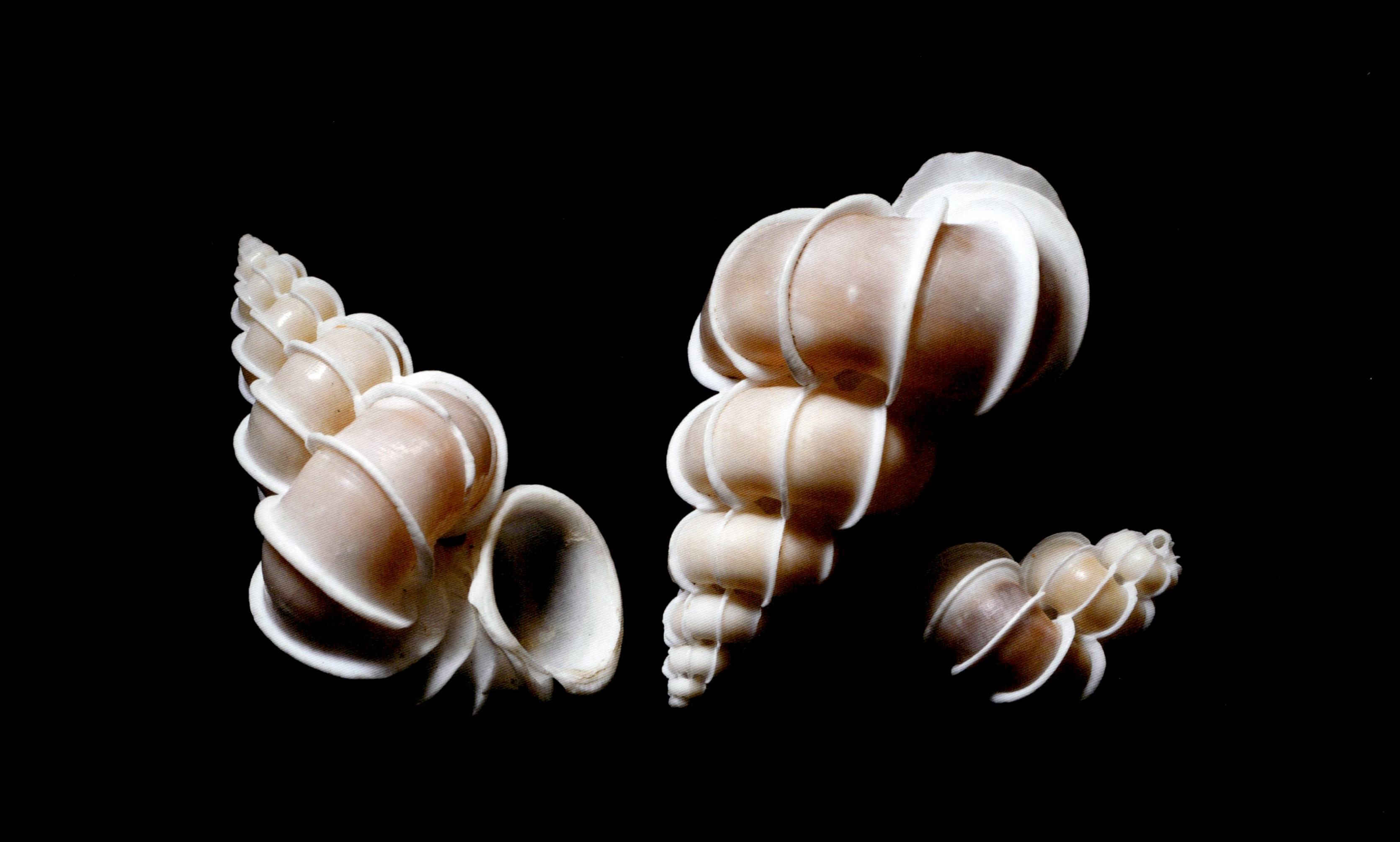

オオイトカケ・大糸掛
Epitonium scalare

巻貝では殻表の縦筋を「糸を掛けた」と表現することから、イトカケの名がある。オオイトカケは、この仲間の中でも大きく、肋が明瞭で「良い貝」である。6cm　詳細はp.281

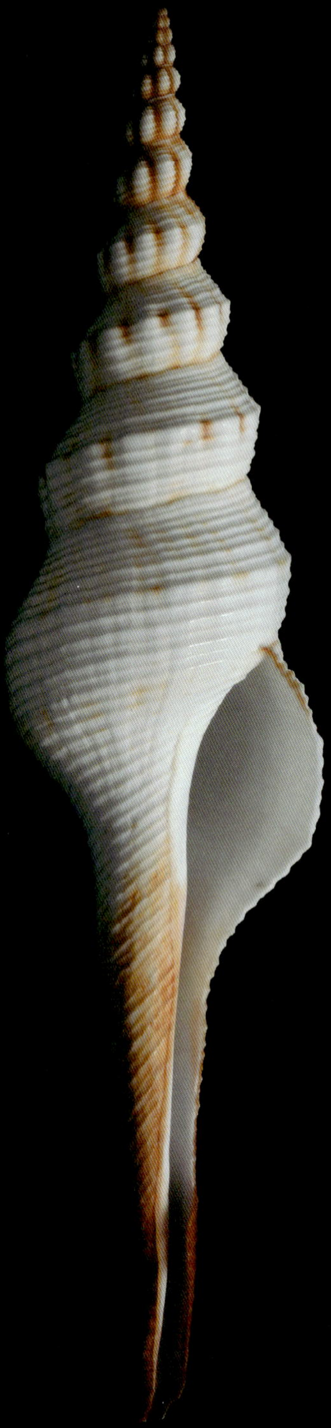

051・Shells of great beauty

ホソニシ・細[辛]螺
Fusinus colus

ニシは「螺」の読みで、巻貝を意味する。ただ、貝類学では、慣習として新腹足類の大型種には「辛螺」でニシと読ませている。細いニシで、わかりやすい。テングニシよりはるかに美味しいという記述もある。10cm　詳細はp.283

ニシキマクラ・錦枕
Oliva porphyria

マクラガイ類の最大種。明瞭な三角斑が美しいことから「錦」の名がある。外套膜ではなく足が膜状になって殻を包むため、ニスを塗ったような光沢のある殻を持つ。8cm　詳細はp.284

· 053 ·   SHELLS OF GREAT BEAUTY

Precious Cowries
海の宝石、タカラガイと仲間たち

輝きを放つ質感と芳醇な果実を思わせるフォルムで、
世界中のコレクターを魅了してきた海の宝石。
タカラガイと近縁の仲間たちは、貝の世界のセレブリティだ。

《タカラガイ類》
子供（幼貝）の時には巻いている部分が見えるが、親（成貝）になると巻いている部分を殻の中に塗り込め球形になる。生時には外套膜という体の一部で殻を覆っており、そこから殻表面にニスを塗ったような層を分泌する。熱帯性の仲間で、多くは浅い海にすむ。かつては貨幣としても用いられた。

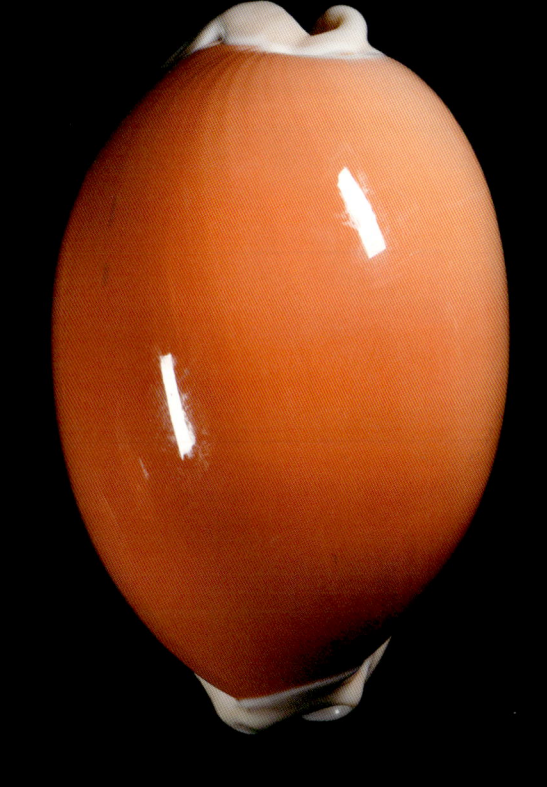

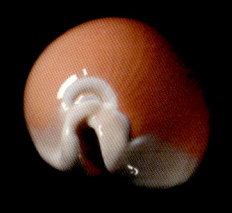

055 SHELLS OF GREAT BEAUTY

ナンヨウダカラ・南洋宝
Cypraea aurantium

昔から有名なタカラガイで、太平洋諸島が産地であったことから、この名がある。橙色の単色は徐々に色褪せる。地域によっては、かなり濃い赤色のものもある。9cm　詳細はp.279

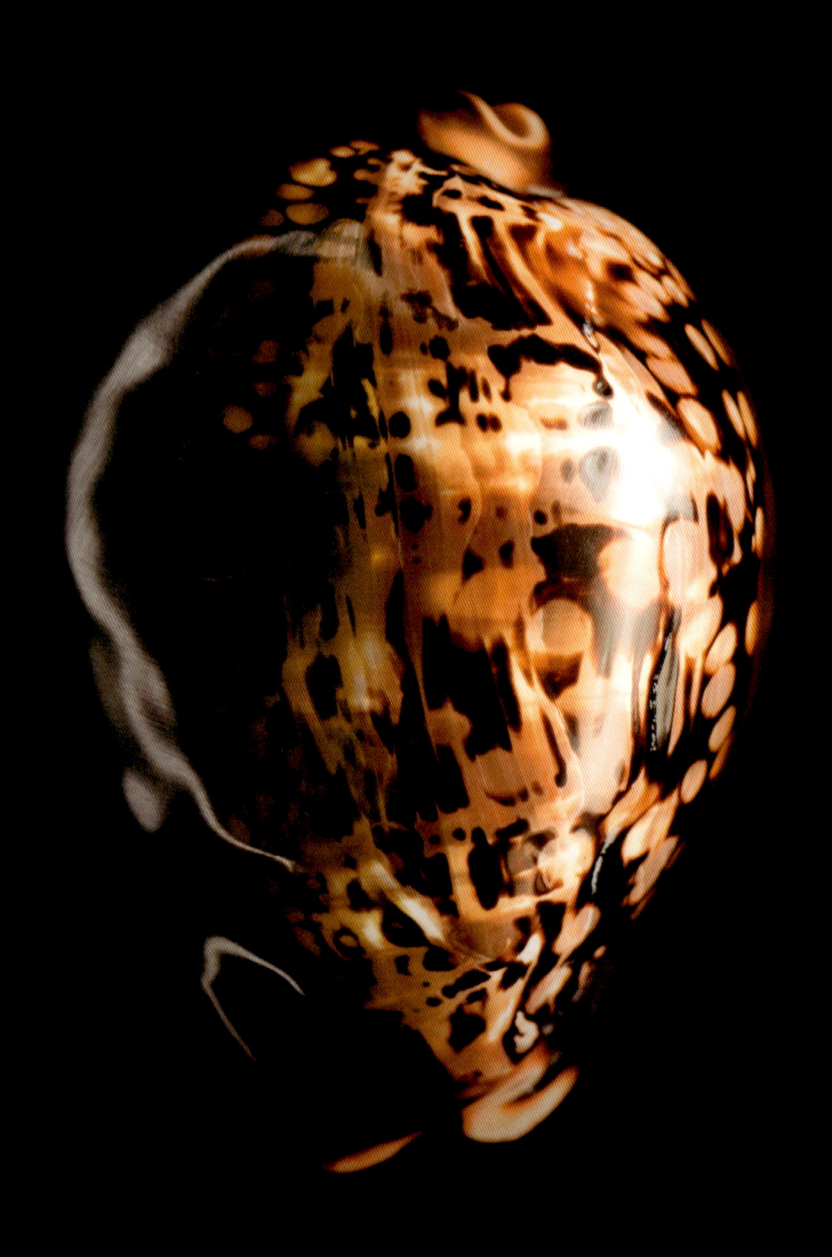

056 · Shells of great beauty

057・Shells of great beauty

ハチジョウダカラ・八丈宝
Chicoreus ramosus

ホシダカラ(p.58)と並んで著名なタカラガイで、産地の八丈島に因む。基質表面が平滑な波当たりの強い潮間帯に生息する。そのため、波にさらわれないように腹面は平坦、つまり接地面が広くなっている。8cm　詳細はp.278

ホシダカラ・星宝
Cypraea tigris

黒い小斑を星に見立てた名。タカラガイは成貝になると、螺旋方向への成長を停止し、外唇を厚くし、殻頂を覆い、球形となる。そのため、大きさの比較が行いやすい。9cm 詳細は p.278

リュウグウダカラ・竜宮宝
Cypraea fultoni

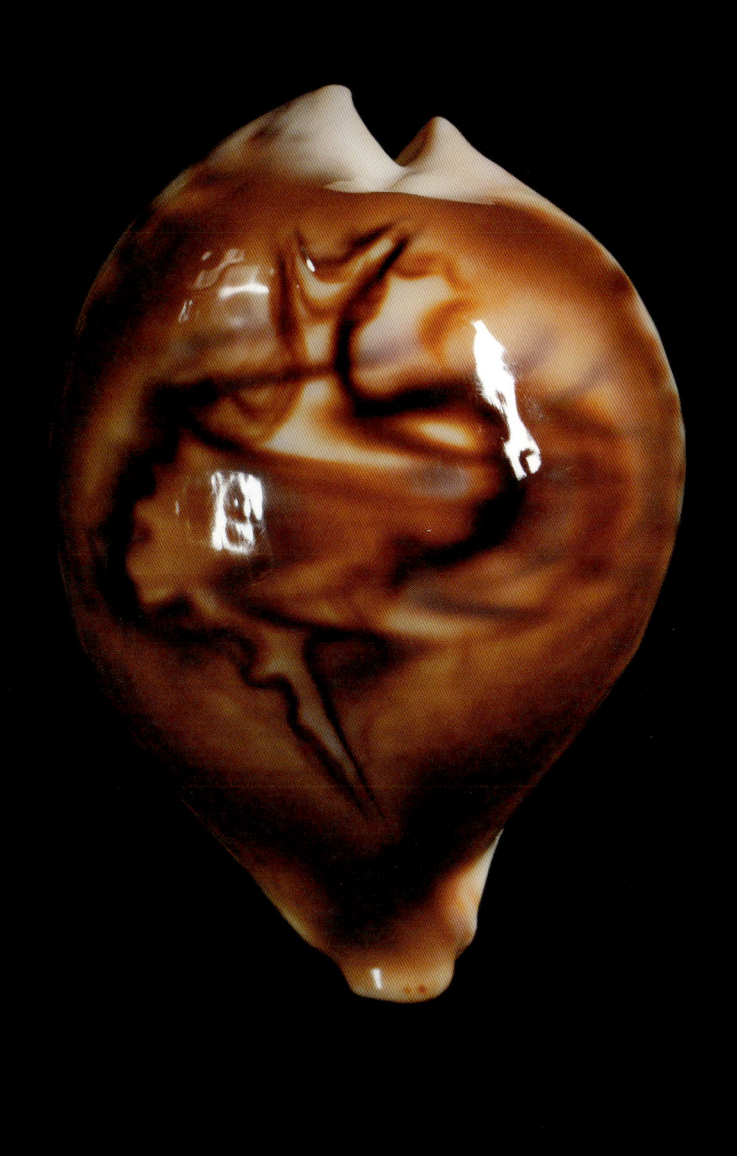

魚の胃の中から得られたという標本がある。ある標本では、背面中央に、それらしい魚の歯型の小さな円形の穴が開いている。「竜宮」は竜宮城をイメージし、貝類では水深100m〜300m程度の深海に生息する種に付けることが多い。6cm 詳細はp.279

シンセイダカラ・神聖宝
Cypraea valentia

日本三名宝(p.63〜65)になぞらえて世界三名宝が考えられ、そのひとつ。この個体は、日本人ダイバーがフィリピンで、ハタ(魚)の胃の中から得たもの。過去には極めて珍しく、1976年には日本で3個目の個体が90万円で購入されたという。9cm 詳細はp.279

サラサダカラ・更紗宝
Cypraea broderipii

更紗模様のタカラガイ。この種も珍しく、世界三名宝のひとつ。聞くところによると、この種が現在では最も入手しにくいのではないかとの話である。8cm 詳細はp.279

061 ▸ Shells of great beauty

オウサマダカラ・王様宝
Cypraea leucodon

世界三名宝のひとつ。強く刻まれた歯が特徴的。過去には極めて珍しかったが、現在ではかなり多くなっている。フィリピンでは、高価だったこの貝の模造品が作られることもあった。8cm　詳細はp.279

オトメダカラ・乙女宝
Cypraea hirasei

最初の標本を少女が持っていたことに因む。市井の貝類研究者、吉良哲明氏が1959年の図鑑で、希少な深海性の大型種3種（オトメダカラ・ニッポンダカラ・テラマチダカラ）を「日本三名宝」と名付けられ、収集家の憧れとなった。6cm　詳細はp.279

ニッポンダカラ・日本宝
Cypraea langfordi

嬉しい名前の付いているタカラガイ。ただ、日本にだけ分布するわけではなく、現在ではオーストラリアでも確認されている。殻の両側面の濃い橙色が特徴的。日本三名宝の中で、最も浅い水深に生息する。5cm 詳細は p.279

テラマチダカラ・寺町宝
Cypraea teramachii

戦後の日本を代表する貝類収集家の寺町昭文氏に献名されている。戦後の進駐軍関係者が、この貝と外車1台を交換したという逸話があるほどの希少種。現在ではフィリピンでの採集品が増えたものの、未だにかなり珍しい。6cm 詳細はp.279

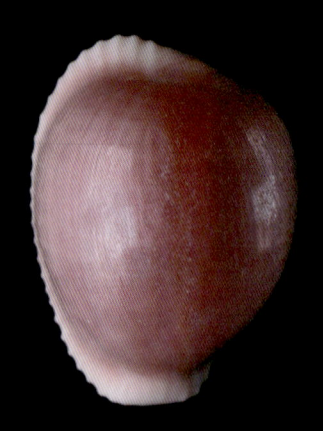

メキシコバライロボタン
メキシコ薔薇色釦
Pseudopusula sanguinea

濃いブドウ色の種で、メキシコなどに分布することから名付けられている。表面の筋の凹凸が密で強く、印象的である。12mm 詳細はp.279

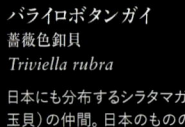

バライロボタンガイ
薔薇色釦貝
Triviella rubra

日本にも分布するシラタマガイ（白玉貝）の仲間。日本のものの大部分は白色だが、赤紫色の色彩と形状から、この名が付けられている。2.5cm 詳細はp.279

スジバライロボタン・筋薔薇色鈿
Triviella aperta

067・Shells of great beauty

南アフリカには、この種やバライロボタンガイなどの大型のシラタマガイ類が分布する。同じ海域ではタカラガイ類も、バライロボタンガイ類に似て殻口の広い一群(オウナダカラなど)が分布する。2.5cm 詳細はp.280

c068・

Shells of great beauty

ウミウサギ・海兎
Ovula ovum

白い色と、丸いイメージから名付けられた。生きている時はタカラガイと同様に外套膜で殻を覆っているのだが、この外套膜は
真っ黒で、白の小斑が散る。7cm 詳細はp.278

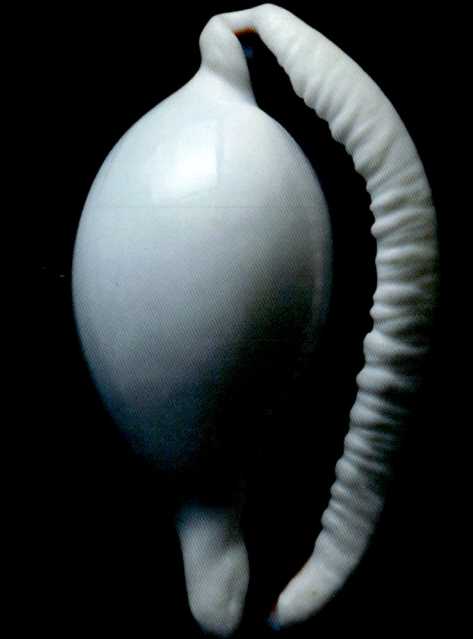

· 699 · Shells of great beauty

ヒガイ・杼貝
Volva habei

機織機に使う道具の杼（ひ＝シャトル）に、その形が似ていることから名付けられた。タカラガイに近いこの仲間には、木の枝のようなヤギ（サンゴに近い動物）の上にすんでいることから殻が上下に伸びた形のものがあり、ヒガイもそのひとつである。8cm　詳細はp.278

071 ▸ Shells of great beauty

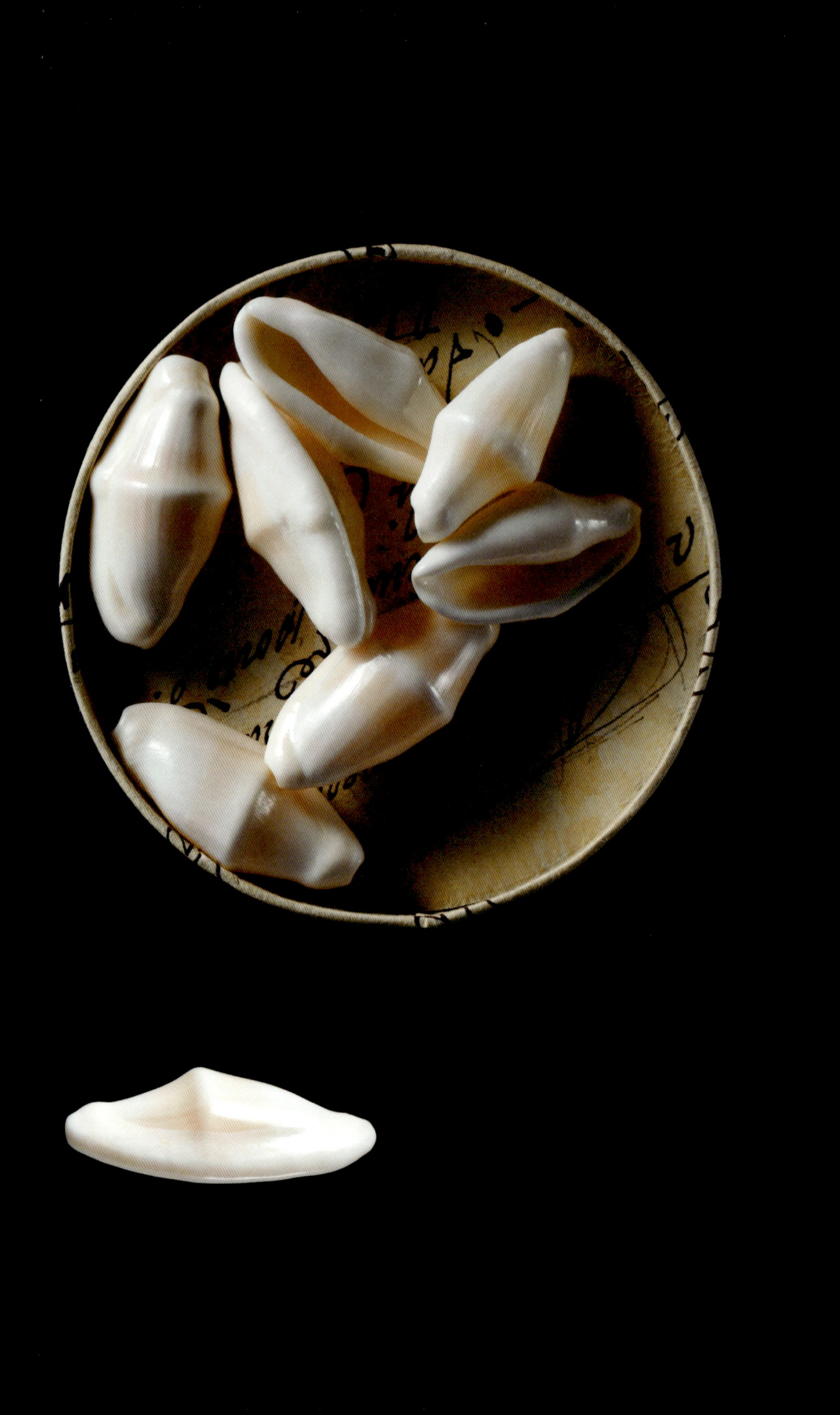

073 · Shells of great beauty

カフスボタン・カフス釦
Cyphoma gibbosum

ワイシャツなどの袖口を留めるカフスボタンに因んでいるものの、今となっては、どのように似ているのかイメージしにくい。この科の他の仲間と同じくヤギの上に生息する。3cm 詳細はp.278

Gifted Cone Shells
イモガイの奇才

縦、横、子持縞にうねり縞、豆絞りにまだら模様と、
めくるめく文様のバリエーション。
毒銛で獲物を捕らえ、多様な模様で収集家の心をとらえる
イモガイを、海の奇才と呼びたい。

ニンギョウイモ・人形芋
Conus gemmatus

地色に濃淡があり、さらに点状斑列があり、時にその点状斑の周囲が白くなるという特異な色彩と斑紋を持つ種。5cm 詳細はp.287

《イモガイ類》
円錐形の殻を持ち、表面の模様は多様で、それぞれの種で一定している。熱帯性の仲間で、サンゴ礁の浅い海に種数が多い。収集家に人気のある仲間だが、すべての種を揃えるのは不可能。歯舌が銛(もり)の形に特殊化し、その毒のある銛を魚や貝に打ち込み、麻痺させるなどして餌にしている。人が刺されると死に至ることのあるアンボイナなどの種がある。

キュウコンイモ・球根芋
Conus bulbus

小型のイモガイで、螺塔部が丸みを帯びる。褐色の縦筋の模様。2.5cm 詳細は p.287

ニンジンイモ・人参芋
Conus daucus

色と形から、ニンジンを連想して名付けられている。決して多くはない種。4cm 詳細はp.286

アヤメイモ・文目(菖蒲)芋
Conus purpurascens

学名は、殻が紫色であることから名付けられたもの。日本では、その色をアヤメの花に例えている。5cm 詳細はp.286

ハルシャガイ・波斯貝
Conus tessulatus

ハルシャとはペルシャ（今のイラン）のことで、ペルシャの織物に殻の模様をなぞらえて名付けられた。イモガイ類の分布北限の房総半島でも得られる一方、イモガイの多い沖縄ではあまり多くない。4cm 詳細はp.286

アカシマミナシ・赤縞身無
Conus generalis

ミナシとは、殻口が狭いため「身（肉・軟体部）が少ないのではないか」という印象から名付けられたもの。6cm 詳細はp.285

ミカドミナシ・帝身無
Conus imperialis

普通種な上に、斑紋もそれほど変わったものではないにもかかわらず、帝の名がある。7cm 詳細はp.286

ワラベイモ・童芋
Conus mercator

上下2列の帯状の濃褐色の上に長い白斑を持つ。この色彩がかなり安定して見られる種である。
2.5cm　詳細はp.287

カリブイモ・カリブ芋
Conus centurio

水深100m付近の海底に生息する種で、殻はやや薄い。イモガイでは全体的に浅海にすむものは殻が厚く、深いところのものは薄くなる傾向にある。5cm　詳細はp.287

079 ▼ Shells of great beauty

ナガシマイモ・長縞芋
Conus muriculatus

近似種にイボシマイモ（疣と縞を持つという意味）があり、それとの対比で、長縞と名付けられたと思われる。3cm　詳細はp.285

ツマリグラハムイモ・詰りグラハム芋
Conus crotchii

ベルデ諸島の小形イモガイ類の一種で、グラハムイモ（p.84）よりも螺塔が低い。2cm　詳細はp.287

ロレンツイモ・ロレンツ芋
Conus sprius lorenzianus

螺塔が高く尖るところが特徴的。カリブ海では、この種にいくつかの亜種が認められており、海域や水深で多様に変化しているようである。6cm　詳細はp.286

カスガイモ・春日芋
Conus dorreensis

春日（山?）の若草の色に因んで名づけられたようであり、春日神社の吊り灯篭という説もある。2.5cm　詳細はp.285

ウミノサカエイモ・海の栄芋
Conus gloriamaris

過去には、最も高価な貝として「海の栄（=gloriamaris）」の名で知られていたが、現在では数千円でも購入できるようになった。10cm　詳細はp.285

タガヤサンミナシ・鉄刀木身無
Conus textile

タガヤサンとは、東南アジアの家具などに利用される美しい木のことで、三角模様などはない。美しいことの例えとして、この名が付けられたのではと考えられている。8cm　詳細はp.285

ツボイモ・壺芋
Conus aulicus

ツボには「壺」の漢字が当てられているが、イメージができない。貝食性種。10cm　詳細はp.285

ヒメメノウイモ・姫瑪瑙芋
Conus achatinus

あまり瑪瑙(めのう)の輝きがあるようには見えないが、類似のメノウイモ(*striolatus*)の方が少しは瑪瑙に近いようにも思える。
一方、青灰色の本種も淡いマダラ模様があって綺麗である。4cm 詳細はp.285

完璧なグラデーションストライプを着こなして獲物を狙う。
イモガイほどスタイリッシュな海のハンターはいるだろうか？

083　SHELLS OF GREAT BEAUTY

カワリイモ・変わり芋
Conus variegatus

キュウコンイモ（p.75）に似ているが、こちらは横筋を基本として、色彩に変化が多いことから名付けられた。2.5cm　詳細はp.287

ボタンユキミナシ・牡丹雪身無
Conus marchionatus

殻の大きめの白斑をぼたん雪に
なぞらえて名付けられたようであ
る。4cm　詳細はp.286

グラハムイモ・グラハム芋
Conus grahami

アフリカ西岸沖のベルデ諸島は大
陸と離れていることもあり、イモガ
イ類でも隔離されて種分化した一
群が分布する。本種もその仲間。
15mm　詳細はp.287

テンジクイモ・天竺芋
Conus ammiralis

天竺とはインドのことで、以前は遠いところの例えとして「唐天竺」と記した。あまり国内では産しないところから名付けられたのかもしれない。6cm　詳細はp.285

イトカケイモ・糸掛芋
Conus zonatus

糸を巻き付けたような彫刻や模様に対して、イトカケ○○という和名の貝は多い。ただし縦方向（殻頂から殻底）の模様を指し、横方向（螺旋方向）の場合はイトマキとすることが多い。この貝では、おそらく褐色の細い線を「糸掛け」としたものと思われ、他と合わないようである。6cm　詳細はp.286

クロザメモドキ・黒雨擬
Conus eburneus

白い地色に大きめの黒斑を散らすことから、黒い雨で名付けられたと思う。ザメには鮫の漢字が当てられていることもあるが、鮫をイメージしにくい。4cm 詳細はp.286

イモガイの成長——驚きの内部

巻貝が螺旋状に巻いて成長していくことはよく理解できよう(p.8〜9)。そして、巻いている中に体(軟体)が入っているわけである。イモガイ類も殻頂側から見ると多く巻いているのだが、輪切りにしてみると最後の外側の部分だけが厚く、内部の殻は極めて薄いことがわかる。これは、成長に伴い以前の殻を自分で融かして再吸収しているのだ。多くの巻貝では子供の時の殻表面が成長しても常に外に出ており、必ずしもこのように薄くなるわけではない。イモガイ類はミナシガイ(身無貝)の名もあるように、体は平たく、最後の2巻程に存在する。この殻の外側を厚くすることは、外敵に対抗する際などに有効であると考えられている。そして、弥生時代の貝輪(p.21)としてもイモガイは、タテ型・ヨコ型と向きを変えて利用されている。厚い外側を利用するので、内部の加工はかなり楽だったであろう。

アンボンクロザメ・
アンボン黒雨
Conus litteratus

アンボンは、東インド会社の拠点のあったインドネシアのセラム島、アンボンに因む。この和名は江戸時代には付けられており、当時の情報網（長崎の出島経由であろう）と江戸のコレクターの熱意を表していよう。10cm　詳細はp.286

ナンヨウクロミナシ・
南洋黒身無
Conus marmoreus

黒い地色に三角形の白斑が目立つ種。沖縄では海藻藻場で見られるものの、近年、減少が著しい。8cm　詳細はp.286

クロフモドキ・黒斑擬
Conus leopardus

日本のイモガイ類で最も大形になる種のひとつ。アンボンクロザメと共に、弥生時代から古墳時代にかけて、沖縄産のものが九州などで貝製の腕輪(p.19)や馬具の飾りに珍重されていた。12cm　詳細はp.286

Shells of Splendour
貝たちの豪邸

数多の貝の中でも格別な存在感を放つものがある。
堂々たる大きさ、威風あたりを払う重厚感、また圧巻の造形や文様。
そして数百万年の時を越えて残る佇まい。
生涯をかけて彼らが築く殻は、まさしく豪邸である。

ミダースオキナエビス・ミダース翁戎
Bayerotrochus midas

翁戎は、歳とった（＝大型の）エビスガイの意味で、エビスには貝類では恵比寿ではなく、戎を当てるのが一般的。ミダースは、ギリシャ神話に出てくる王の名。触るもの全てを黄金に変える力を持つという。10cm 詳細はp.274

ヒメオキナエビス・姫翁戎
Perotrochus quoyanus

写真の個体は、かつてホウセキオキナエビス（*gemma*）の名で、別種とされたこともあったが、現在ではヒメオキナエビスと同一種とされる。5cm　詳細は p.274

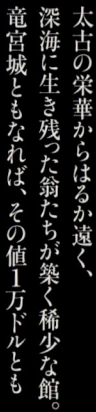

太古の栄華からはるか遠く、深海に生き残った翁たちが築く稀少な館。竜宮城ともなれば、その値1万ドルとも

リュウグウオキナエビス・竜宮翁戎
Entemnotrochus rumphii

かつて世界に数個しかなく、1個の貝に360万円という最も高い値段のついた種。20cm　詳細はp.274

ベニオキナエビス・紅翁戎
Mikadotrocus hirasei

紅色をしたオキナエビス。オキナエビス類の中では、最も多く得られている。8cm　詳細はp.274

クジャクアワビ・孔雀鮑
Haliotis fulgens
殻の内面の模様がクジャクの羽の模様に似ていることから名付けられた。20cm　詳細はp.275

マキミゾアワビ・巻溝鮑
Haliotis parva

殻の表面に、巻きにそって1本の溝を持ち、他の部分は平滑であることから名付けられた。4cm　詳細はp.275

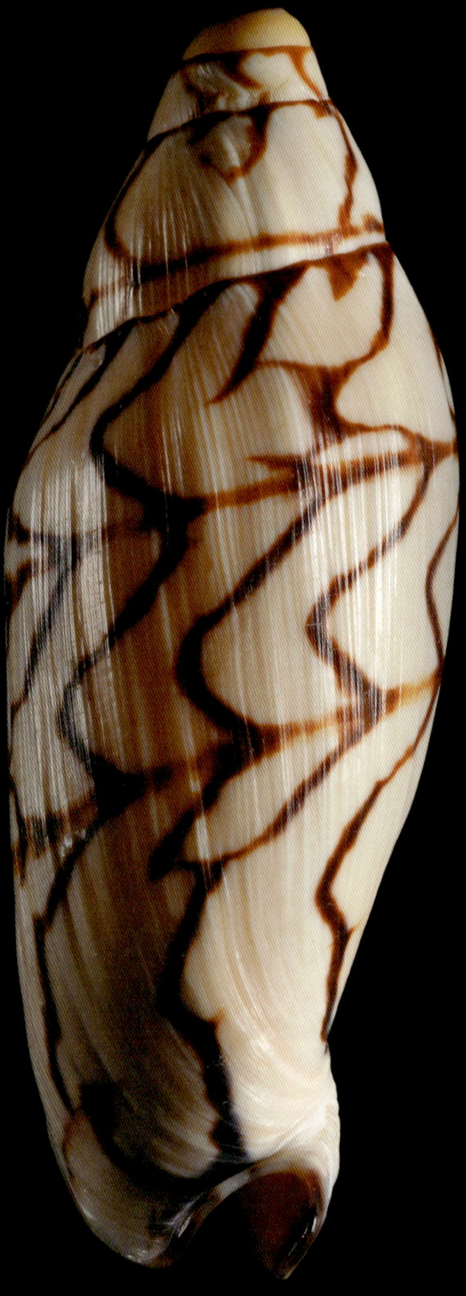

比較的珍しく、アラフラ海などで真珠採集のダイバーがブランデーと交換したという逸話に因んで名づけられた。12cm 詳細はp.284

ブランデーガイ・ブランデー貝
Volutoconus bednalli

096 · Shells of great beauty

稲妻模様のあるコオロギ法螺。殻頂部がドーム状で大きい。これは子供の時の殻で、卵の入った袋（〈卵嚢〉）の中で育ち、プランクトン生活を送らずに、幼貝として袋から出ることを示している。12cm 詳細はp.284

イナズマコオロギ・稲妻蟋蟀
Cymbiola nobilis

097・Shells of great beauty

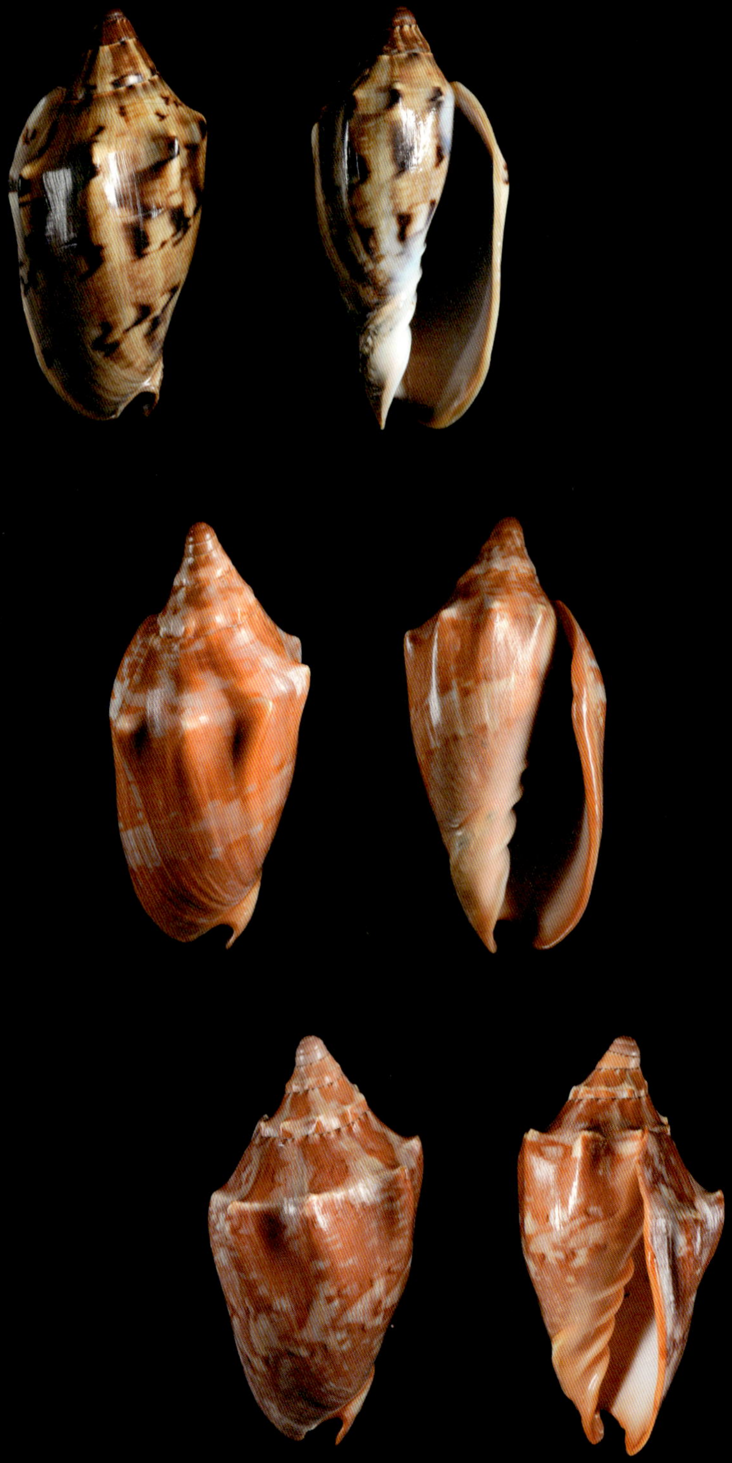

クレナイコオロギ・紅蟋蟀
Cymbiola aulica

紅色の個体が著名で、その名が付いているが、色彩・肩の結節には変異がある。中型で重量感があり、また表面には光沢があり、派手すぎず、見事な貝だといえる。10cm　詳細は p.284

099 · Shells of great beauty

ツノヤシガイ・角椰子貝
Melo aethiopica

分布域のアラフラ海へは、戦前に多くの日本人が真珠貝（シロチョウガイ）採集の潜水士として出稼ぎに出ており、そのお土産として本種が日本へも多数もたらされていた。25cm　詳細はp.285

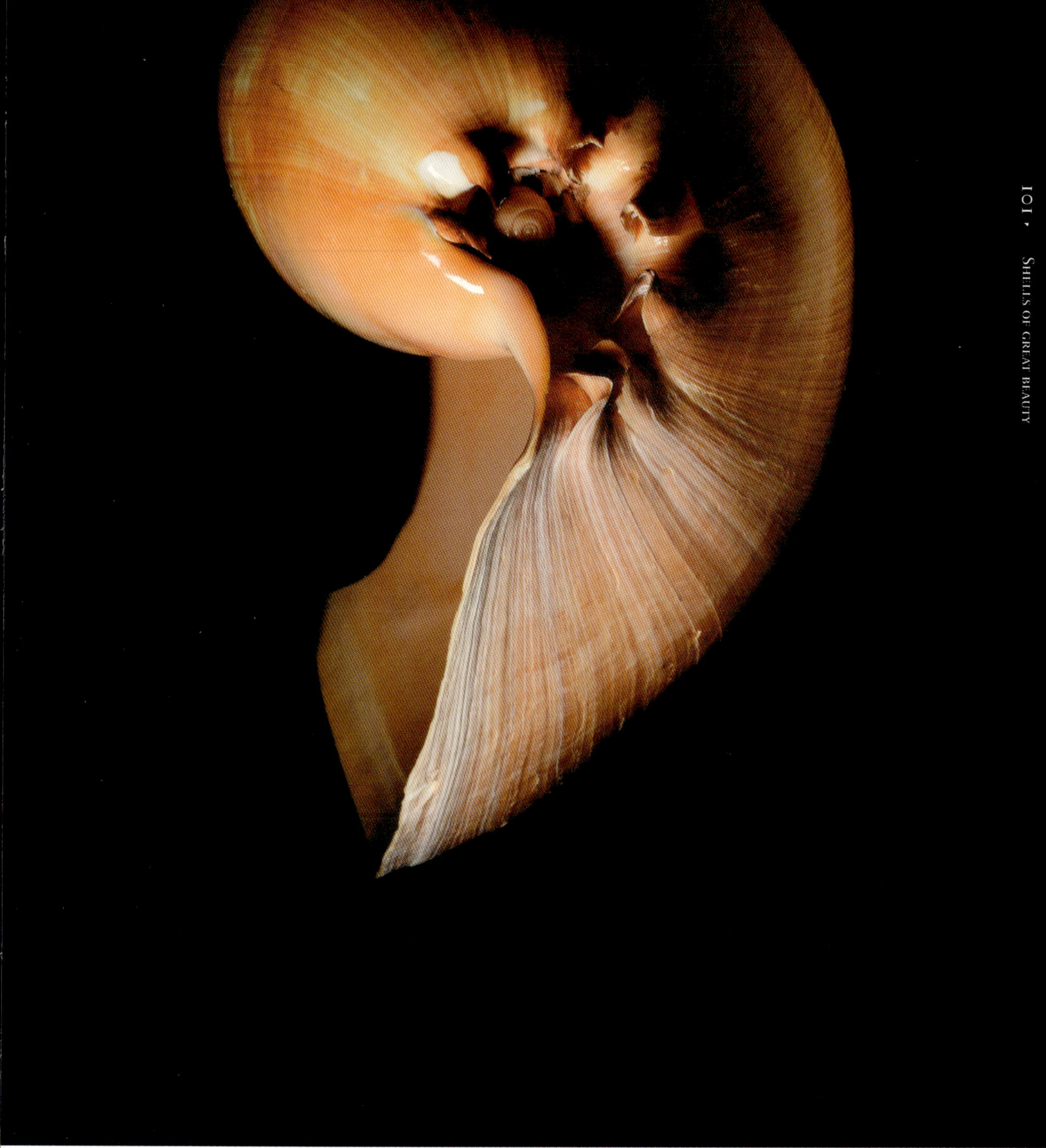

オオカンムリボラ・大冠法螺
Melongena patula

ダルマカンムリボラ（p.104）の太平洋側の姉妹種。両種の分布域を分けるパナマ地峡が約300万年前に形成され、海域が分断されたので種も分かれたわけである。15cm　詳細はp.283

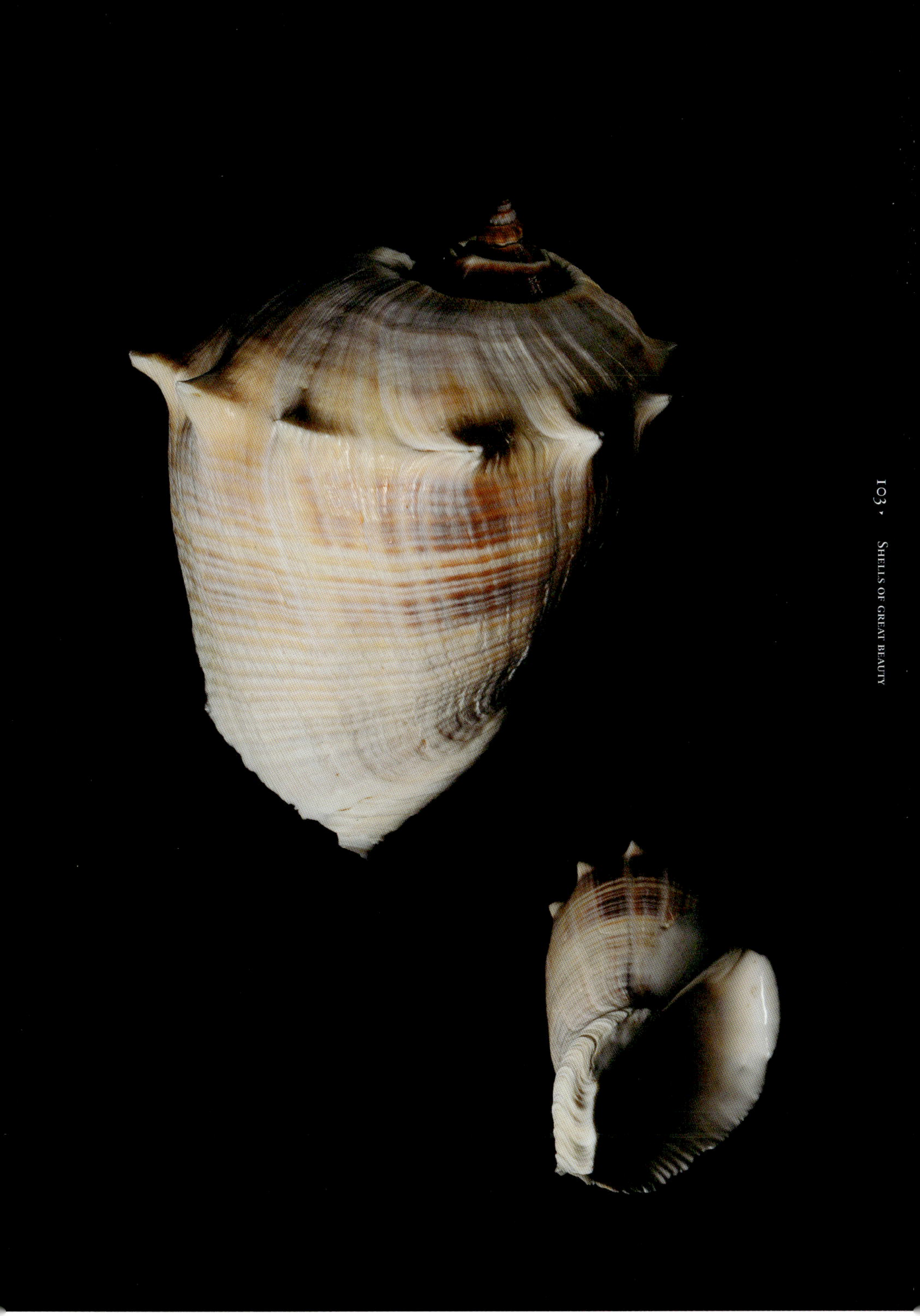

うねり連なる緻密な成長線は、さながら褶曲断層。
地球の胎動と呼応するかのような

ダルマカンムリボラ・達磨冠法螺
Melongena melongena

肩に棘の発達したカンムリボラがあり、より膨れていることから、ダルマとされたようである。この仲間では、肉食か時に腐肉食が観察されている。12cm　詳細はp.283

105 · Shells of great beauty

106 · Shells of great beauty

107 ・ SHELLS OF GREAT BEAUTY

ネジヌキエゾボラ（p.38）と同様、巻いているところに段差があることによる名。種小名の *hirasei* は明治時代の収集家、平瀬與一郎に献名されている。12cm 詳細は p.282

ネジヌキバイ・螺旋抜き貝
Japelion hirasei

108 · Shells of great beauty

サカマキボラ・逆巻き法螺
Busycon contrarium

大多数の海産巻貝は右巻きであるのに対し、この種は左巻なので、サカマキとされる。陸産貝類も右巻きが多いものの、海産よりも左巻きの割合は高い。25cm 詳細はp.283

ピワガイ・琵琶貝
Ficus subintermedia

形から、楽器の琵琶を連想して名付けられたと思われる。属名のFicusはイチジクの意味で、近似種にイチジクガイがある。8cm
詳細はp.280

オオビワガイ・大琵琶貝
Ficus gracilils

ビワガイより大型になり、深海に生息するので、見かけることは少ない。12cm　詳細はp.280

お釈迦様の頭にも飾られる、インドの聖なる白い貝

113・ Shells of great beauty

シャンクガイ・シャンク貝
Turbinella pyrum

「聖なる貝」を意味するサンスクリット語由来の英語からシャンクガイと名付けられ、インドおよびその文化圏では、今も信仰からお土産までこの貝が珍重されている。一例として、仏画の頭頂部に白い渦巻が描かれたものがあるが、これはシャンクガイを意味していると思われる。12cm 詳細は p.282

武蔵石壽『目八譜』巻之六より
国立国会図書館貴重書画像データベースより転載

ホラガイ・法螺貝
Charonia tritonis

山伏の法螺で有名な巻貝で、日本で最も大きくなる貝でもある。主に大型の巻貝には、法螺貝に因んで、○○ボラの名が付けられており、このボラやバイ・ニナ・ニシに対しては、貝を表すということで、和名にカイを付けない。35cm 詳細はp.281

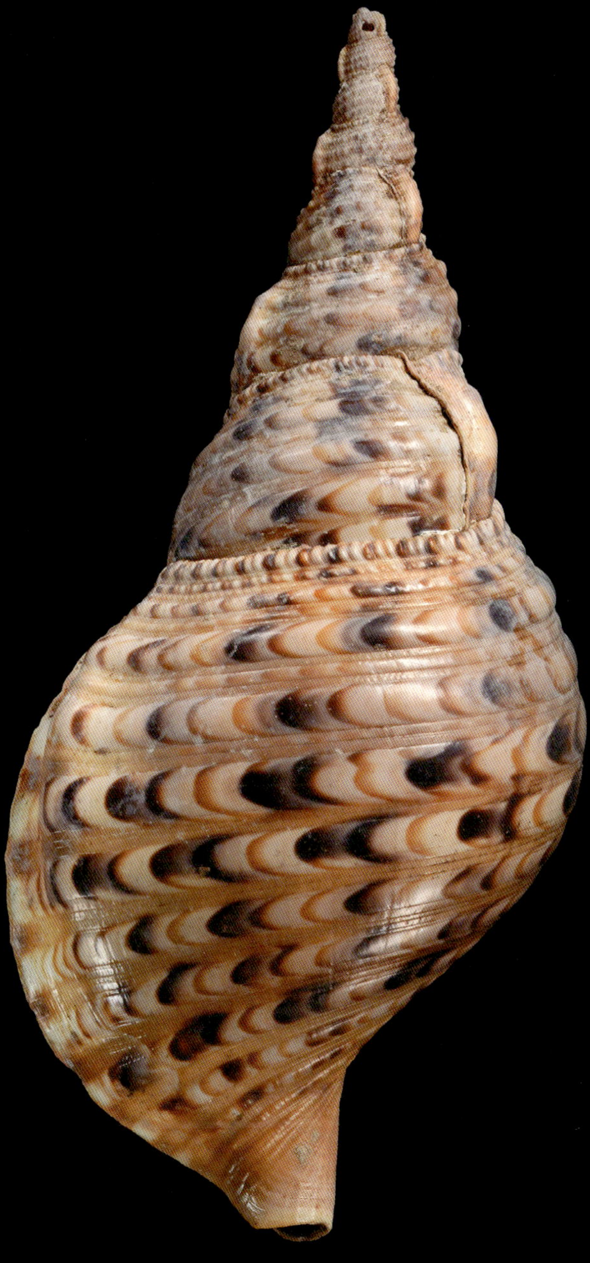

116 · SHELLS OF GREAT BEAUTY

117・ SHELLS OF GREAT BEAUTY

大型で厚質な殻を持つ仲間。殻口は鮮やかな肉色に染まる。10cm 詳細は p.280

インドフジツ・インド藤津
Cymatium perryi

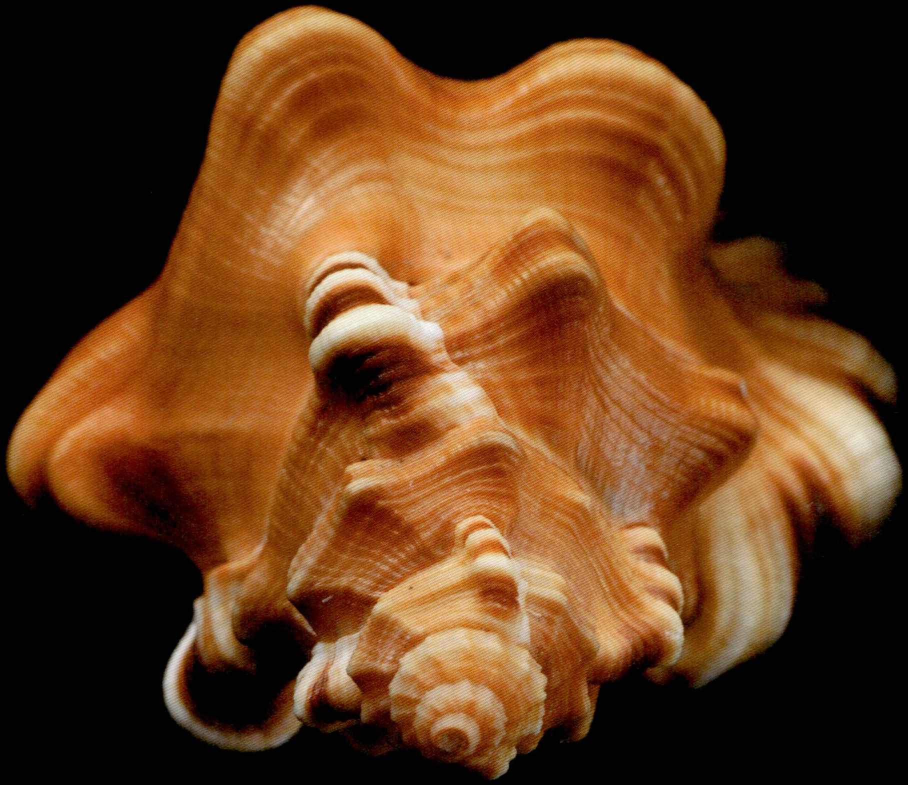

インドフジツ *Cymatium perryi*

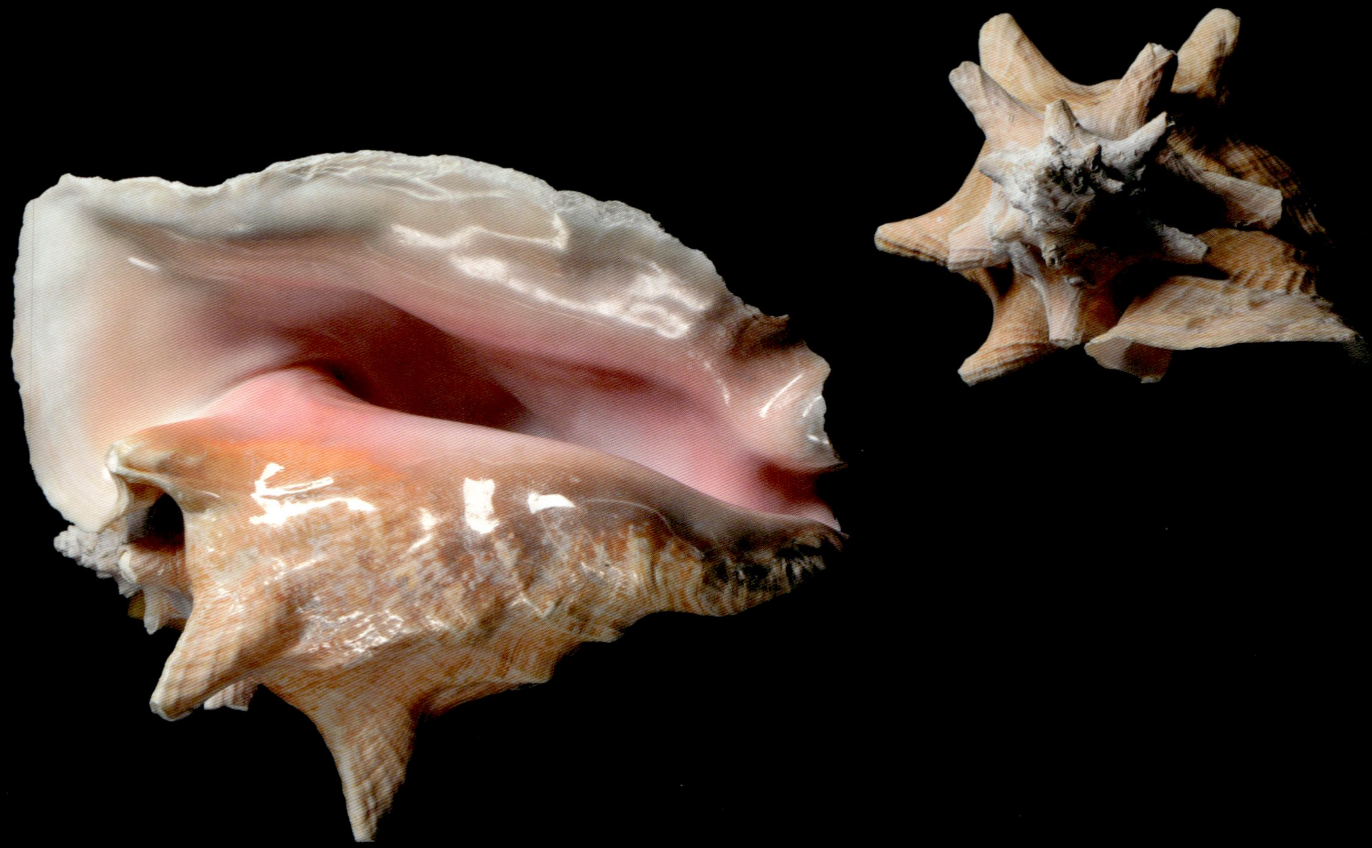

121・ Shells of great beauty

ピンクガイ・ピンク貝
Strombus gigas

強い棘が見事である。軟体部は食用として好まれ、コンクステーキの名で知られる。また、時にこの貝からピンク色の「真珠」が得られ、コンクパールとして知られる。20cm 詳細はp.277

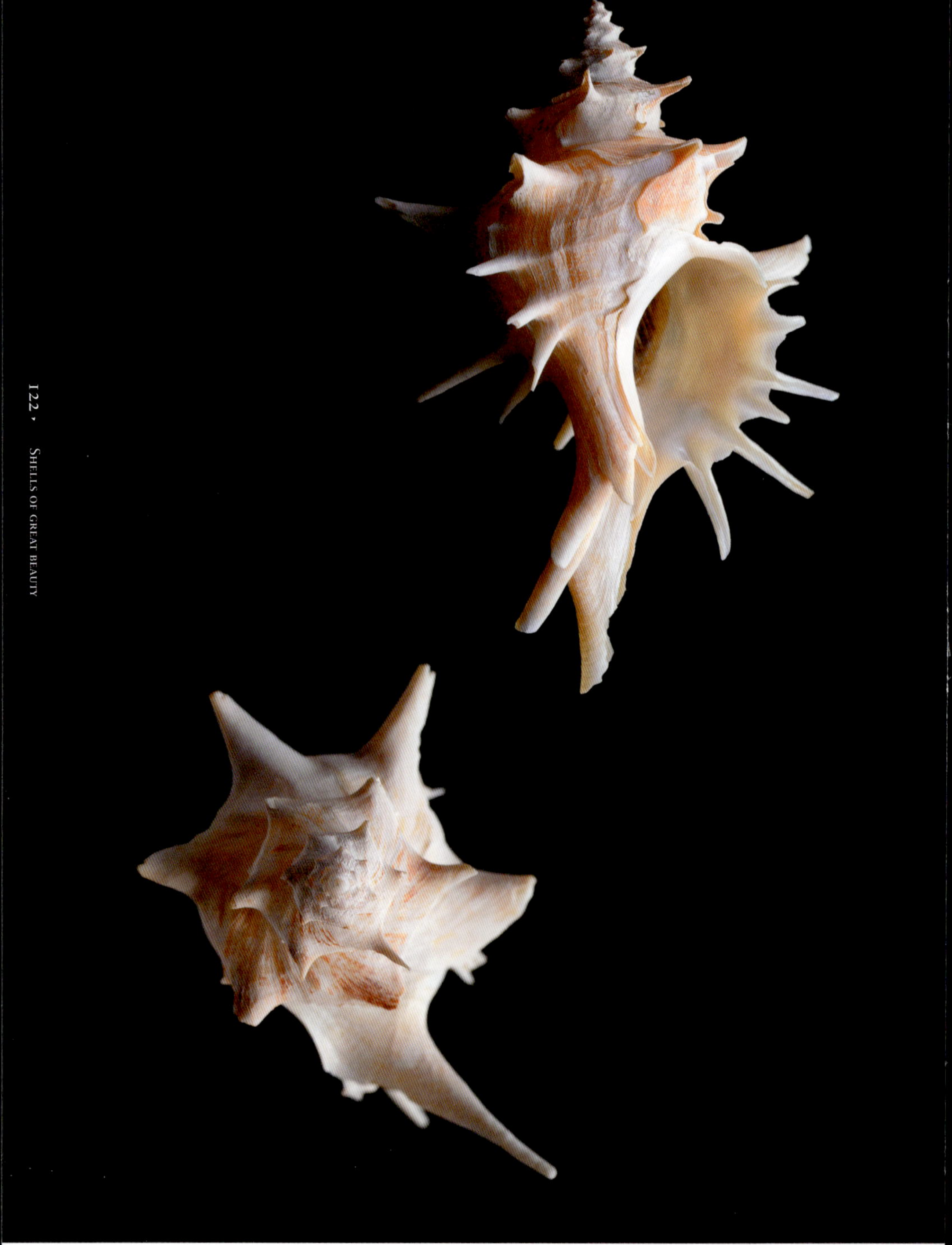

ヒイラギガイ・柊貝
Poirieria zerandicus

鋭い棘が、植物のヒイラギの葉を連想するところから名付けられたと思われる。6cm　詳細はp.282

124 · Shells of great beauty

ヒイラギガイ *Poirieria zerandicus*

125 · SHELLS OF GREAT BEAUTY

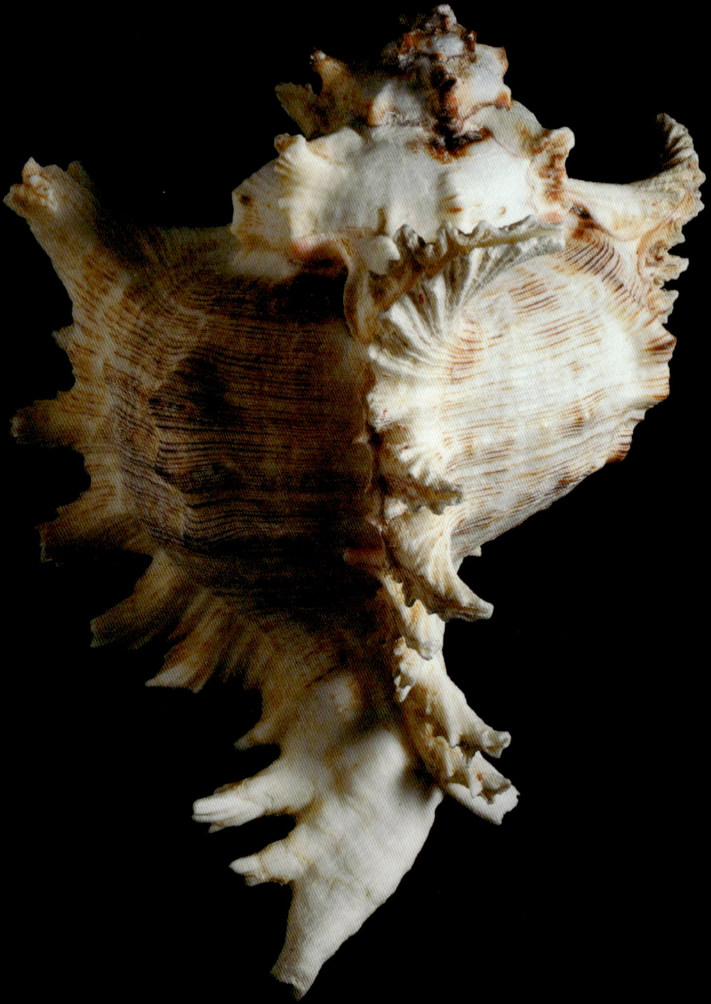

テングガイ・天狗貝
Chicoreus Fantosus

127 · SHELLS OF GREAT BEAUTY

伸びた水管を、天狗の鼻に見立てた名のように思われる。約120度ごとに棘が出る。20cm 詳細はp.281

Patterns and Textures
華麗なる文様

縞やまだら、ぼかしの「染め」に、繊細な彫り文様。
色柄とテクスチャー、その組み合わせの無限性を貝たちは体現する。
これほど多様な文様をまとう生き物は、地球上にはそういまい。

緻密な縦肋は、さながら茶器の鐶手か、
はたまた豪奢なドレスのひだ飾りか

129 ・ Shells of great beauty

ミサカエショッコウラ・御栄蜀紅蝶
Harpa costata

インド洋のモーリシャスにのみ分布し、同じ仲間と異なり、縦肋（じゅうろく）が多数存在する。稀少で、コレクターが憧れる貝のひとつである。8cm　詳細はp.284

コトショッコウラ・琴蜀江螺
Harpa articularis

琴の弦を連想しての名前であろうか。ショッコウラ類は、砂地に生息し、ややタカラガイのように外套膜で殻を覆うので、ニスを塗ったような光沢がある。8cm 詳細はp.284

131 · Shells of Great Beauty

バライロショッコウラ・薔薇色蜀江螺
Harpa doris

中国の蜀江（河川名：四川省）の水でさらした糸で織った錦を「蜀江の錦」と呼ぶが、ショッコウラ類は、こうした美しい織物に因んで名づけられている。バラ色は殻が赤いところから。希少種のひとつである。6cm　詳細はp.284

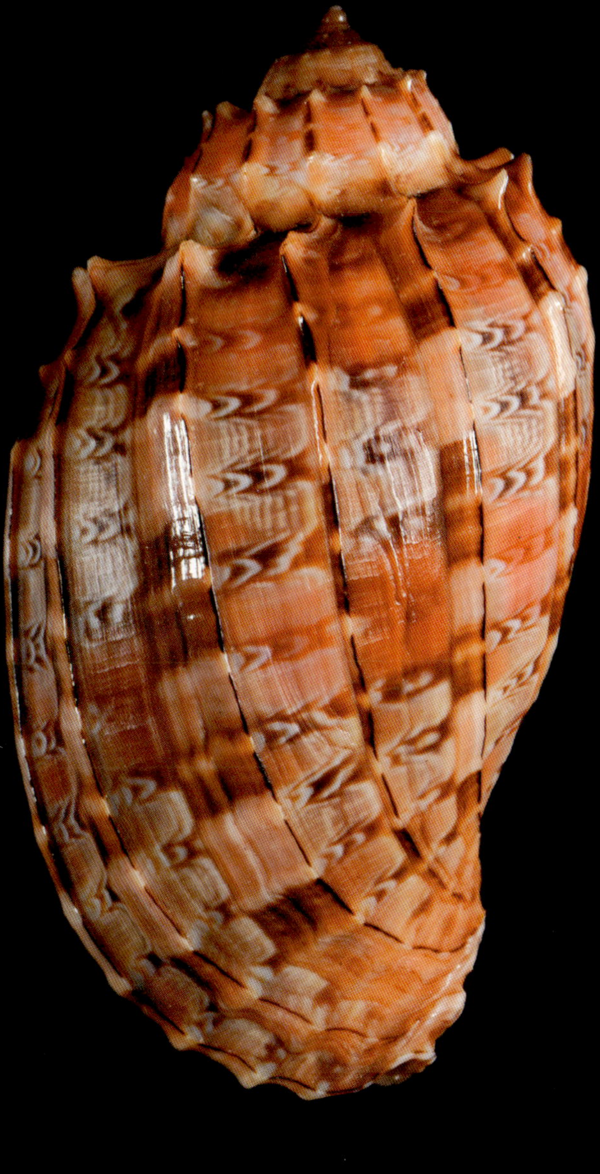

ジュセイラ・寿星螺
Cymatium hepaticum

寿星は、星座の竜骨座の主星カノープスの中国名であり、これを祀って福寿を祈るとあるので、このあたりのおめでたいことに因んでいるように思われる。バンザイラ、ショウジョウラと共に「三美螺」とも。4cm 詳細はp.280

バンザイラ・万歳螺
Cymatium flaveolum

三美螺にするために語呂がよいバンザイを付けられたように想像する。3種の中で、最も少ない。3cm 詳細はp.280

ショウジョウラ・猩々螺
Cymatium rubeculum

三美螺のひとつで、猩々は、ショウジョウガイ（p.180〜181）と同様に赤いところから由来している。3cm 詳細はp.280

リュウテン・竜天
Turbo petholatus

和名は殻の模様が竜が天に昇るように見えるところから名付けられたのかもしれない。サザエの仲間で、フタの外側は緑がかって美しく、キャッツアイとも呼ばれる。6cm 詳細はp.275

137 · Shells of Great Beauty

そのままテキスタイルにしたい趣味の良さ。
ツイードジャケットやコットンドレスに仕立ててみたくなる

139・ SHELLS OF GREAT BEAUTY

オオサラサバイ・大更紗貝
Phasianella australis

サラサバイの仲間は、岩礁にすむものの殻表に付着物や明瞭な殻皮がなく、光沢を持っている。5cm 詳細はp.275

メキシコタマガイ・メキシコ玉貝
Natica chemnitzi

タマガイの仲間は、ツメタガイでよく知られているように、二枚貝などに穴を開けて捕食する。巻貝を襲う場合もある。2cm 詳細は p.280

141 ▸ Shells of great beauty

ハナヨメタマガイ・花嫁玉貝
Natica janet

小型のタマガイ類で、大小の褐色斑を持つ。15mm 詳細は p.280

アラビアミソラタマガイ・アラビア美空玉貝
Natica cincta
小型のタマガイで、やはり大小のマダラ模様が筋状に並んでいる。
12mm 詳細はp.280

イガタマキビ・毬玉黍
Tectarius coronatus

磯の巻貝の優占種であるタマキビ類の世界最大種。和名は殻表の尖った顆粒をイガに例えたもの。3cm　詳細は p.277

スクミウズラ・竦み鶉
Tonna cepa

近い仲間に鳥のウズラの模様と形に似たウズラガイがあり、その種より膨らみ、巻いている部分が折れ込んでいるので、この和名となった。8cm 詳細はp.281

145・Shells of Great Beauty

ハデミノムシ・派手蓑虫
Vexillum compressum

ミサカエミノムシに似ているが、やや小型で、細く、殻表に光沢を持つ別種である。5cm 詳細はp.283

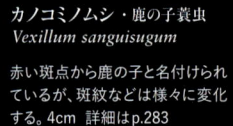

ミサカエミノムシ・御栄蓑虫
Vexillum citrium

貝の和名には、ミヒカリ（御光）とミサカエ（御栄）の名を冠する美麗種がある。国語辞典に出ていない語だが、代々貝類研究者に用いられてきたようだ。6cm 詳細はp.283

カノコミノムシ・鹿の子蓑虫
Vexillum sanguisugum

赤い斑点から鹿の子と名付けられているが、斑紋などは様々に変化する。4cm 詳細はp.283

カゴメミノムシ・篭目蓑虫
Vexillum dennisoni

この仲間は変異が大きく、研究者により同定に相違がある。このページのミノムシ類は、カノコミノムシを除き、かなり少ない種である。5cm 詳細はp.283

147 · Shells of great beauty

マルツノガイ・丸角貝
Fissidentalium vernerdi

かなり大型になるツノガイ類で、表面に細かい縦肋（じゅうろく）がある。別段珍しい種類ではないものの、海岸に打ち上がることはない。12cm　詳細はp.290

ミズイロツノガイ・水色角貝
Dentalium aprinum
縦の筋を持つツノガイ類の中では大型種。ツノガイ類の中では、珍しい水色がかった色彩を持つ。
8cm　詳細はp.290

ゾウゲツノガイ・象牙角貝
Dentalium elephantinum
ツノガイ類は筒状の貝殻を持つ、巻貝でも二枚貝でもない独立した掘足類という仲間で、砂や泥の中で、頭糸と呼ばれる細い糸状のもので微細な有機物などを集めて餌としている。8cm　詳細はp.290

149 ▸　SHELLS OF GREAT BEAUTY

ミラノコレクションでこんなニットを見たような。
いや、この貝こそがデザイナーをインスパイアしたに違いない

ニシキツノガイ・錦角貝
Pictodentalium formosum

白色のものが多い仲間の中で、赤紫色の美しい種。鹿児島県南部（種子島を含む）では、先史時代の遺跡から、装飾品として ややまとまって出土する例がある。6cm　詳細はp.290

151 · SHELLS OF GREAT BEAUTY

Elaborate Work
精緻な工作

親から子へ、連綿と受け継がれてきた緻密な彫刻は、さながら伝統技法。
思わず見入ってしまう、見るたびに感服する、海の匠たちの逸品である。

マダラクダマキ・斑管巻
Lophiotoma indica

斑紋を持つクダマキガイだが、管巻の意味を明らかにできなかった。写真の標本はインド洋（タイ）のもので、日本の小型の
マダラクダマキとは感じが異なる。8cm　詳細はp.287

· 153 · SHELLS OF GREAT BEAUTY

154・

Shells of great beauty

ラセン オリイレボラ・螺旋折入れ法螺
Trigonostoma scalare

「折入れ」とは中へ窪むことで、この仲間では巻いている部分の上部が窪んだり、平たくなっていることから名付けられた。この種では平坦な部分が幅広く、あたかも螺旋階段をイメージされたと思われる。3cm　詳細はp.285

· 155 · Shells of great beauty

クレナイセンジュガイ・紅千手貝
Chicoreus nobilis

千手観音の手のように多くの棘を持つことからセンジュガイの和名が生まれ、そのセンジュガイに似て、紅色であることから名付けられた。3.5cm 詳細はp.281

157 · SHELLS OF GREAT BEAUTY

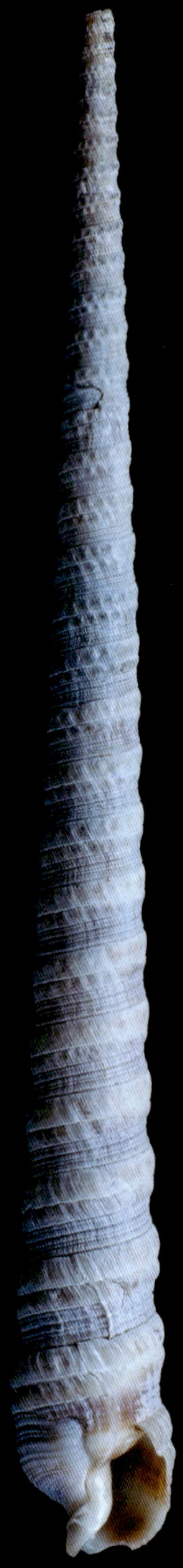

オオギリ・大錐
Triplostephanus lim

錐のような形をした仲間で大きなことから名付けられている。単純な名だが、この種はかなり珍しい。10cm 詳細はp.287

Mysterious Forms
神秘の形態

おそらく人間にははかり知れない理由から、
風変わりで不可思議で、時に信じ難いほどに奇怪な殻をつくる貝もある。
美醜を超えた驚異の形態もまた、貝に魅せられる理由のひとつだ。

ミヒカリコオロギ・御光蟋蟀
Cymbiola imperialis

ミヒカリは、光のような放射彩を意味するのではなく、美麗という意味で用いられている。この種は肩に多数の棘を持ち、学名では
「皇帝」の名を冠している。20cm　詳細はp.284

· 161 · SHELLS OF GREAT BEAUTY

スイジガイ・水字貝
Harpago chiragra

この貝を背中側からみると、6本の棘が、水の漢字のように出ていることから名付けられた。水に因んで火除けのため、あるいは棘が魔除けということで、屋外に吊るされることもある。25cm 詳細はp.278

奔放に伸びた棘は、神に舞踏を捧げる原始の人にも見えてくる

163・SHELLS OF GREAT BEAUTY

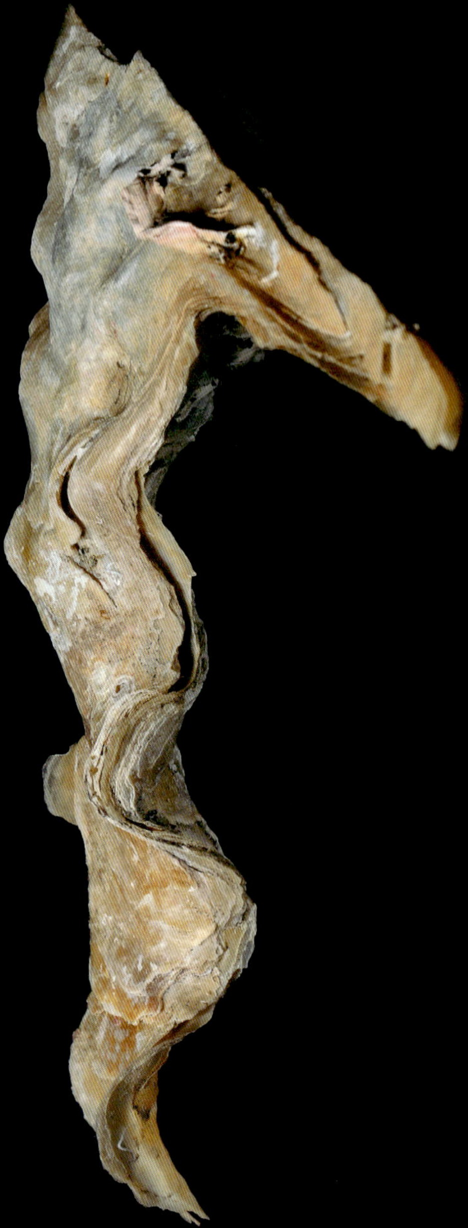

165、 Shells of great beauty

シュモクガイ・撞木貝
Malleus albus

撞木は、鐘などを鳴らすT字型の仏具のことで、殻の形が似ていることから名付けられた。この貝は大きくなると、岩礫底に横たわっていると思われるが、殻の両面に付着物があり、時々上下が逆になっているのかもしれないと想像している。20cm 詳細は p.291

『〇〇譜』巻之五に描かれたシュモクガイ。
国会図書館貴重書画像データベースから転載

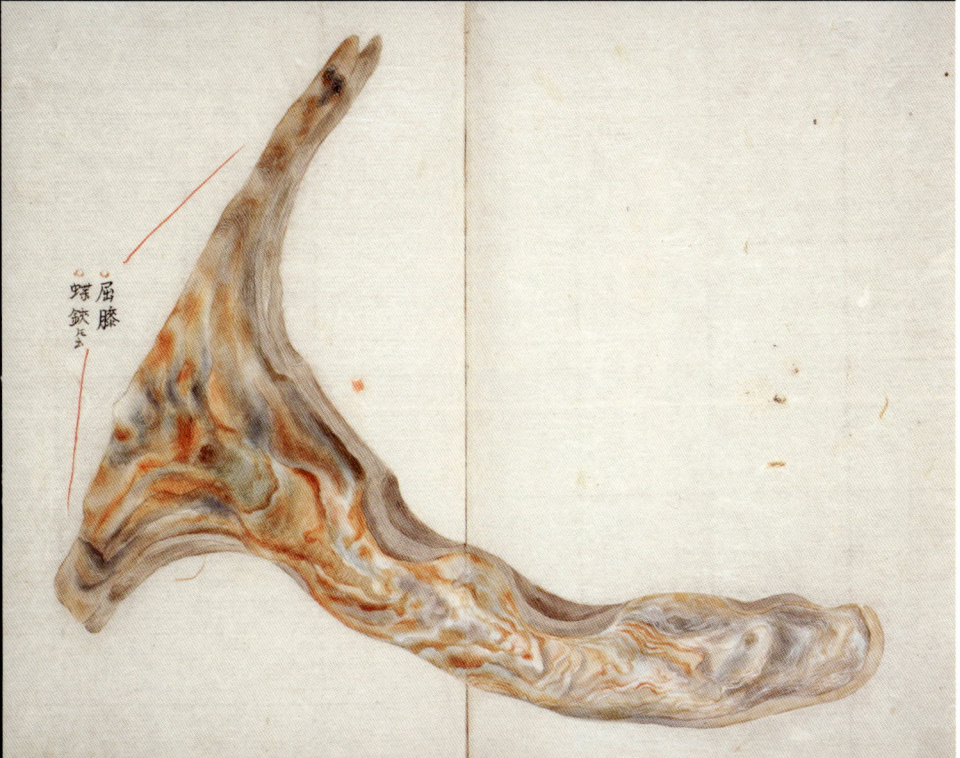

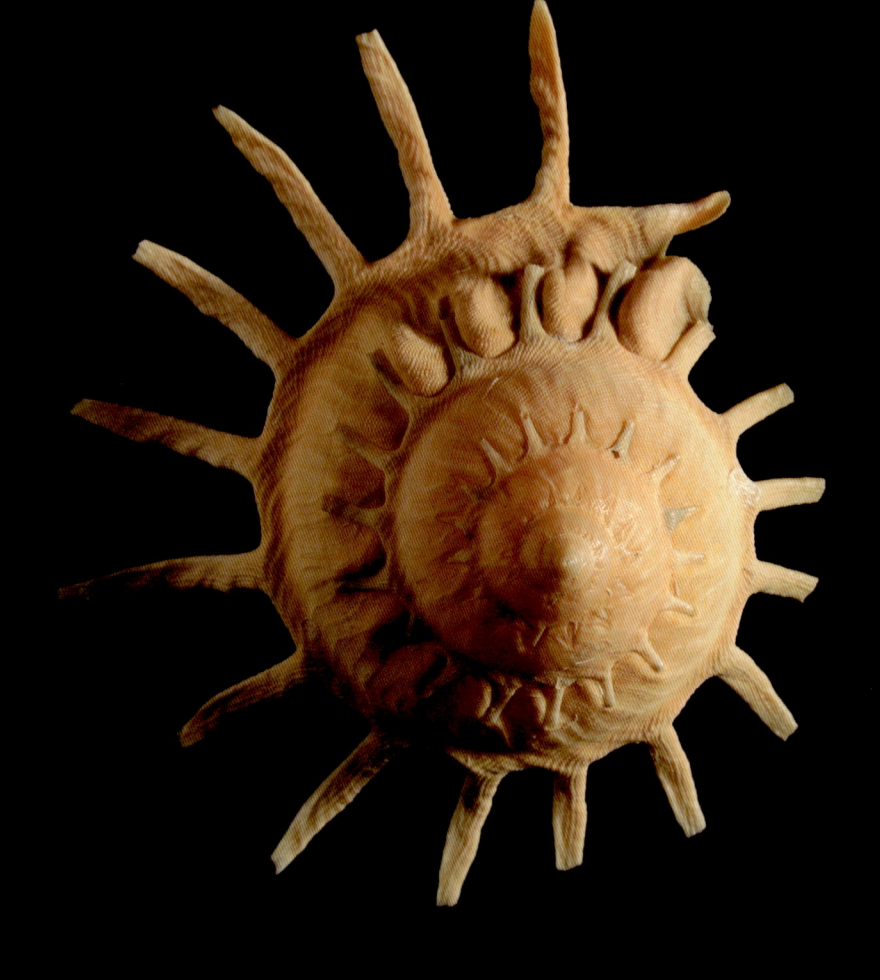

カジトリグルマ・舵取車
Stellaria solaris

船の舵の形を連想しての名前。クマサカガイの仲間だが、殻の周辺に物を付けることはなく、棘を生やしている。8cm　詳細は p.278

167 · SHELLS OF GREAT BEAUTY

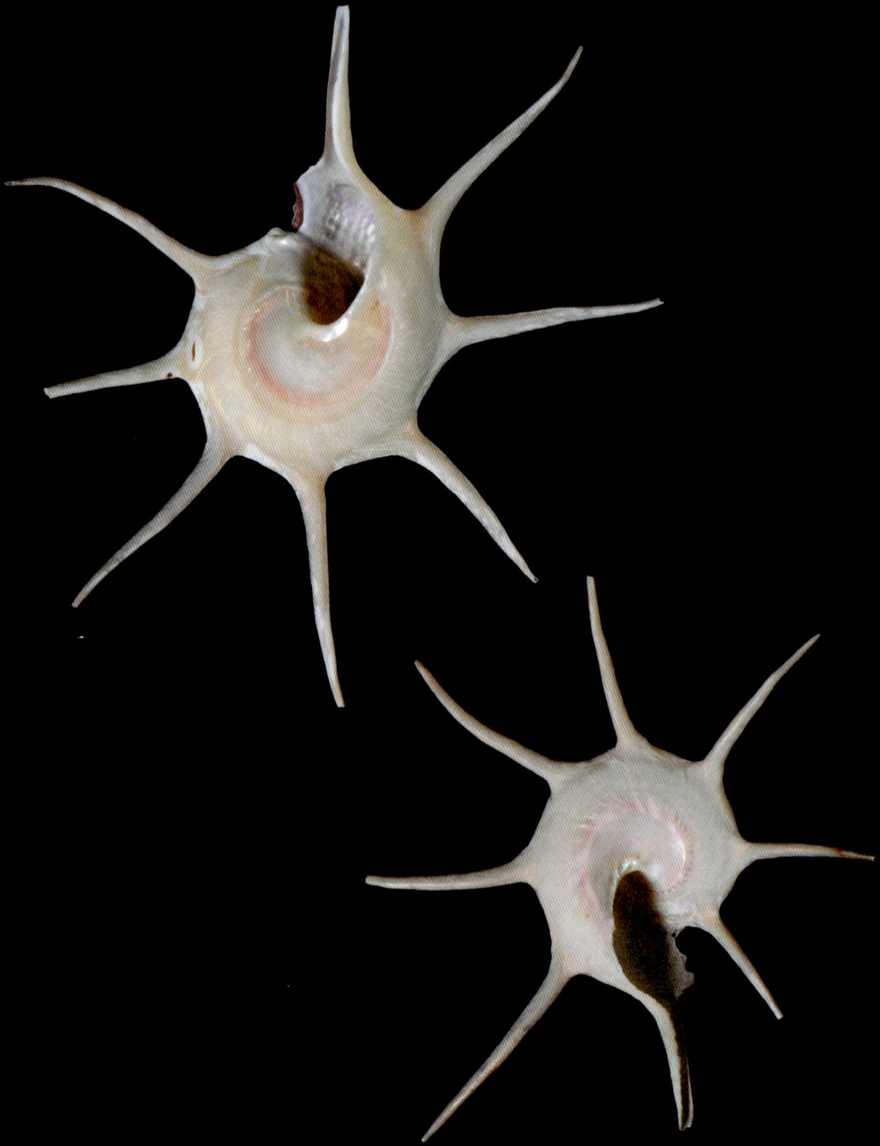

ハリナガリンボウ・針長輪宝
Guildfordia yoka

輪宝とは、元は八方に矛先を出すインドの武器だったのが、仏教に取り入れられて仏具となったものである。貝の形が、輪宝に似ているところから名付けられた。12cm 詳細はp.275

170 · Shells of great beauty

ショウジョウカタベ・猩々片部
Angaria vicdani

171・ Shells of great beauty

猩々は、赤い顔と赤い長い毛で酒好きな、中国の想像上の怪物。またオランウータンのことでもある。その赤い色と長い毛から連想されるカタベガイが名前の由来。8cm 詳細はp.275

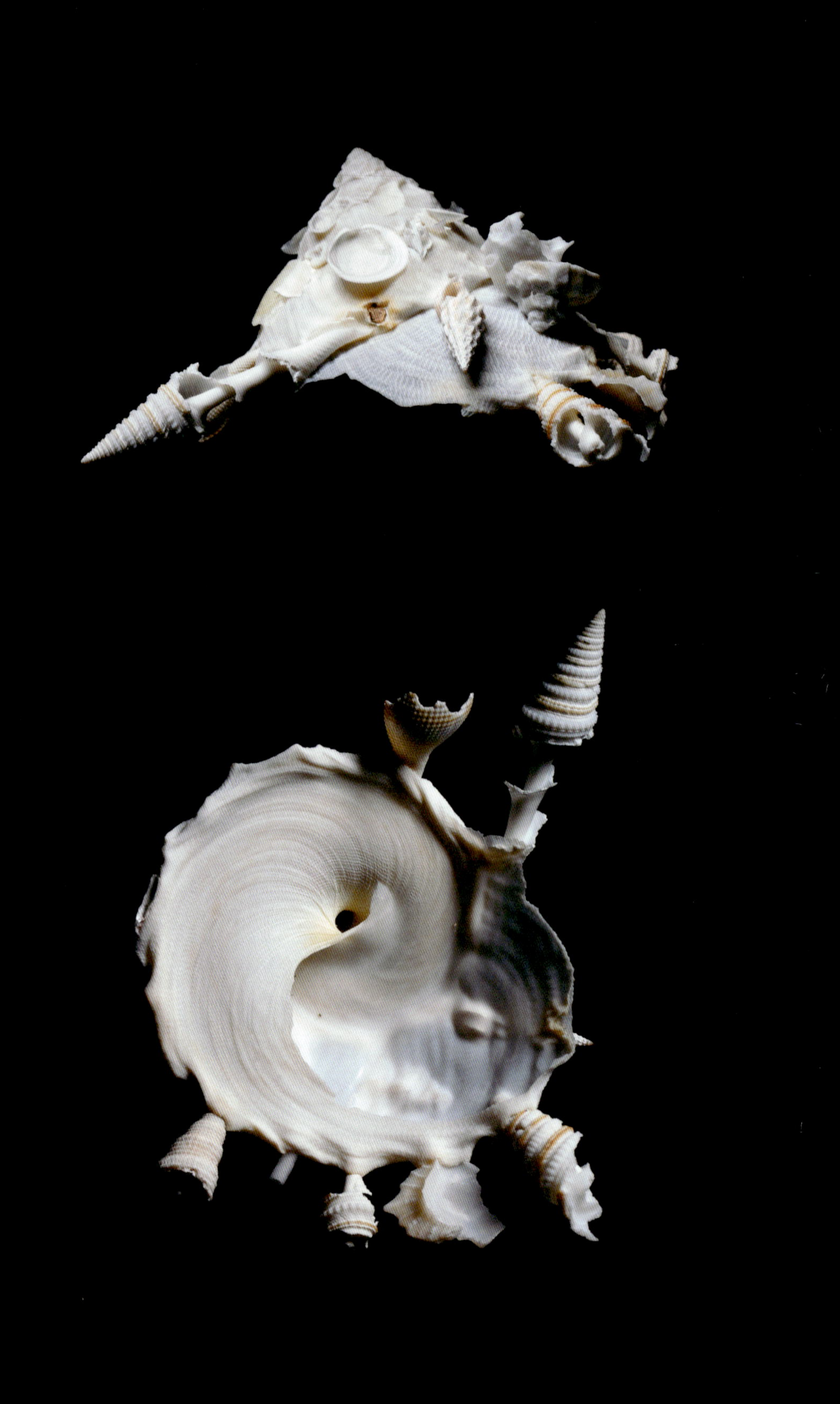

選んで、集めて、所有する。
自身がシェルコレクターになってしまった不思議な貝

クマサカガイ・熊坂貝
Xenophora pallidula

貝殻の縁や表面に他の死んだ貝や石などを付けており、伝説的な盗賊の熊坂長範の七つ道具を背負った状態になぞらえられるなどして名付けられた。殻の表面に普段得ることのできない小型の貝を付けていることも多い。7cm 詳細はp.278

173・ SHELLS OF GREAT BEAUTY

174 • Shells of great beauty

175・ SHELLS OF GREAT BEAUTY

スミスエントツアツブタガイ・スミス煙突厚蓋貝
Rhiostoma smithi

陸にすむフタを持った仲間で、石灰質のフタを持ち、その名のとおりエントツのような管を自ら作り出している。この管は呼吸に用いるとのこと。4cm　詳細はp.276

176 · Shells of great beauty

ルンバソデガイ・ルンバ袖貝
Strombus gallus

177 · SHELLS OF GREAT BEAUTY

この仲間の袖貝という名は、殻口外唇部が外へ張り出すことによる。この種は、さらに外唇上部が管状になり、ルンバを踊っているように見えるところからうまく名付けられている。13cm 詳細はp.277

トサカガキ・鶏冠牡蠣
Lopha cristagalli
いかにもニワトリのトサカの形をしたカキ。よく見ると、殻の表面にウロコ状の彫刻がある。8cm　詳細はp.293

コブナデシコ・瘤撫子
Lyropecten nodosa

肋（ろく）の上にいくつものコブを持つナデシコガイ。日本のナデシコガイは2cm程度の小型・やや薄質の貝で、表面にも細かな肋を多数持つ。12cm　詳細はp.292

ショウジョウガイ・猩々貝
Spondylus regius

ショウジョウカタベ（p.170〜171）と同じく、想像上の猩々に因む。12cm　詳細はp.292

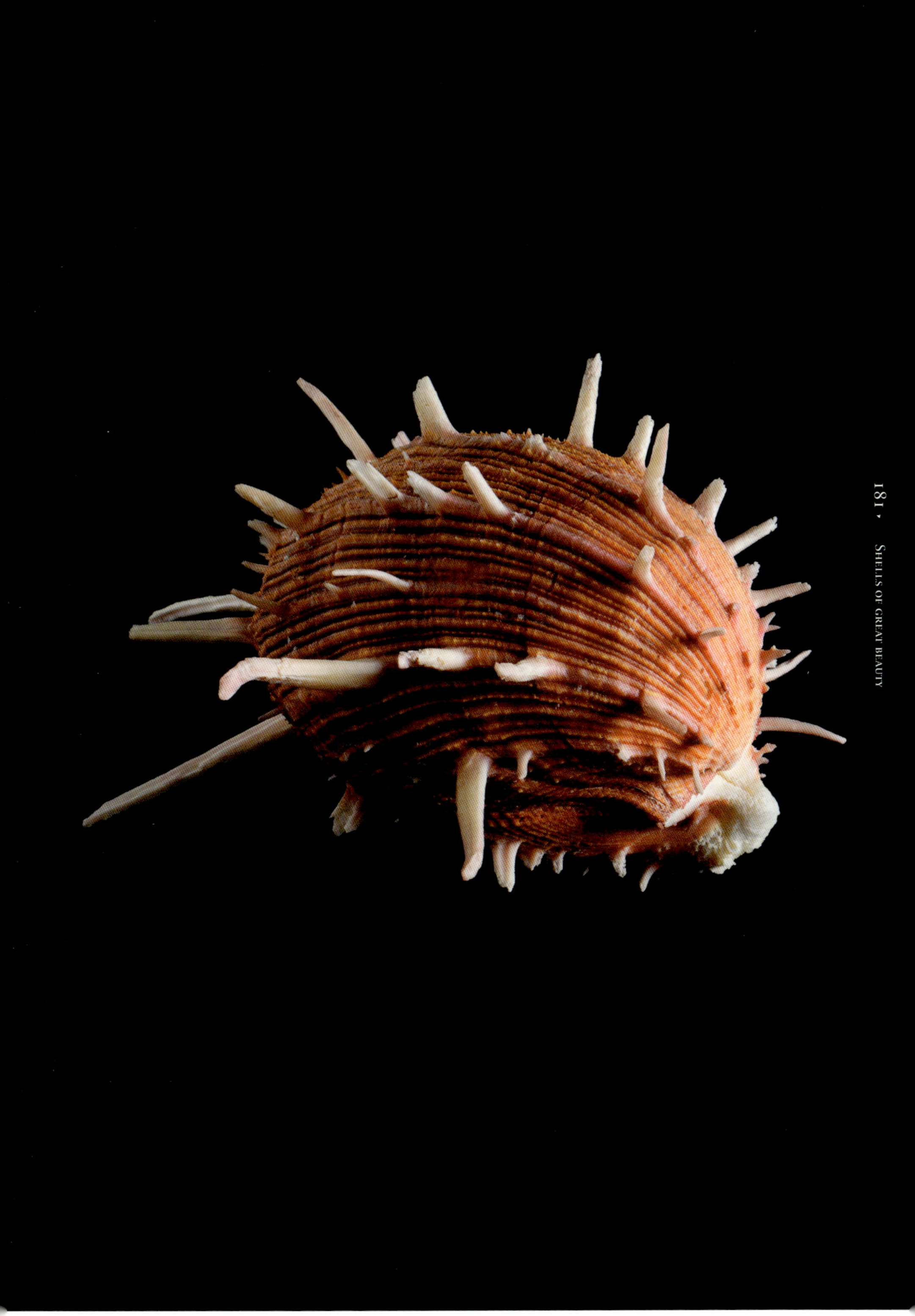

カナリーヒザラ・カナリー膝皿
Chiton olivaceus

ヒザラガイ類は8枚の殻を持つ貝類だが、巻貝や二枚貝と異なる仲間で(p.8～9参照)、足は巻貝のカサガイに似ているものの、目や触角はない。写真の左と上が頭部側。内面の写真(別種)は、足や内臓・周辺の肉を除いた殻だけのものである。2.5cm 詳細はp.274

ムラサキコケミミズガイ・紫苔蚯蚓貝
Tenagodus armata

不規則に巻いた管状の殻をミミズにたとえ、殻表の小突起をコケとみなした名。管の上部が溝状に開いている。4cm　詳細はp.276

大木卓

紋章になった貝

　西洋の紋章は中世の騎士が盾に自分の印を入れたことにはじまるとされ、紋章の図案には動物が多く出てくるが、貝は動きや表情で特徴がつけやすい鳥獣よりずっと少ない。

　貝の紋章で最も普及しているジェームズホタテ（図1）は、p.18〜19に述べたように巡礼者や十字軍の記章となったので、十字軍に関わった古い家系に採用された。スコットランドでは17世紀のモントローズ公グレアムなど。イングランドでは14世紀のウェストモランド領主エドマンド・デイカーその他。十字架と組み合わせた例も多い。図2は16世紀テューダー朝時代の紋章図譜にあるマイノット氏の紋章。この貝はドイツやフランスの紋章にも多い。

　英語でWhelkというエッチュウバイの仲間の巻貝は、イギリスでは貝に関係のある名字のシェリー家、ダラム州のウィルキンスン家などの紋章になっている。図3はテューダー朝16世紀後期の紋章図譜の出るジョン・ワイルド氏の紋章。

　唯一軟体が物を言っているカタツムリの紋章（図4）を見ると、なんでデンデン虫が…と思うが、この陸産巻貝が主張するところは"忍耐"なのだそうだ。イングランドではメイスン家など。イギリスやドイツではけっこう紋章に取り上げられているようである。

図1：
標準的なデザインの
ジェームズホタテの紋章

図2：
16世紀イングランドの
ジェームズホタテの紋章

図3：
エッチュウバイの紋章

図4：
カタツムリの紋章

日本にも西洋の紋章に似た家紋があるが、西洋の紋章との違いは、個人を表わす小細工はなく、家系によって図柄が定まっていて、基本的に色彩はない。日本の家紋には西洋ほど雑多な動物は登場しないが、島国のせいか、貝は割合い多く見られる。ここに挙げる例は、江戸幕府が文化9年（1812年）に完成した『寛政重修諸家譜』に出ているので、みな江戸時代からある家紋である。

　蛤（はまぐり）の家紋にはデザインがいろいろあるが「丸に三蛤」（図5）は、九代将軍家重に従がって紀州から江戸入りした幕臣石場氏の家紋。板屋貝（いたやがい）は、紋所では「敗貽貝」とも書き、図6は河内国臼井郷出身の幕臣臼井氏の家紋。これに似た「帆立貝（ほたてがい）」は幕臣久貝氏の家紋で、沼田頼輔氏（『日本紋章学』1926年）は名字に因んだものとしている。法螺貝（ほらがい）の家紋（図7）には、関東出身で2代将軍秀忠に仕えた吉野氏に「緒付螺（おつきかい）」があり、「栄螺（さざえ）」は大和国椿井の出身で江戸前期から幕府に仕えた内藤氏および椿井（つばい）氏の家紋になっている（図8）。

　貝の紋章には、貝の実用性に加えて、殻の不思議な自然の造形の美しさが関与しているのであろう。

図5：
蛤（はまぐり）の家紋

図6：
敗貽貝（いたやがい）の家紋

図7：
法螺貝（ほらがい）の家紋

図8：
栄螺（さざえ）の家紋

Transparent Shells
透明な貝

まるで乳白ガラスや色ガラスのように透き通った殻を持つ貝たち。
デリケートで儚げな、その風情に惹きつけらずにはいられない。

アオミオカタニシ・青身山田螺
Leptopoma vitreum taivanum

殻は半透明で、緑色の軟体が透けて見える。樹上の葉の上などで暮らしており、体の緑は、「保護色」なのかもしれない。16mm　詳細はp.276

クラゲツキヒ・水母月日
Propeamussium sibogai
透明感のある殻と触手のように見える黄色の内肋からクラゲになぞらえて名付けられた。4cm 詳細は p.292

187 ・ SHELLS OF GREAT BEAUTY

ヒラユキミノ・平雪蓑
Limaria fragilis
殻の表面にある筋と形を、昔の雨除けである蓑になぞらえて名付けられたミノガイの仲間。3.5cm 詳細はp.292

ニシノツツミガイ・西の包貝
Sinum bifasciatus
広がった形から「包み」の名があり、アフリカに分布することから「西の」とされる。2.5cm 詳細はp.280

ハリナデシコ・玻璃撫子
Delectopecten macrocheiricola
「玻璃」は水晶やガラスのことで、この貝の透明なことによる。2cm 詳細はp.292

クリイロカメガイ・栗色亀貝
Cavolinia uncinata
同じカメガイ類でも、褐色がかることから単純に栗色とされている。8mm 詳細はp.288

ササノツユ・笹の露
Diacavolinia longirostris

カメガイの仲間だが、その殻を笹の葉に付いた露にたとえて名付けられた。6mm　詳細はp.288

ヒラカメガイ・平亀貝
Diacria trispinosa

カメガイは、その殻が亀に似ていることから名付けられ、ヒラカメガイは平たいことによる。8mm　詳細はp.288

ウキビシガイ・浮菱貝
Clio pyramidata

形が菱形をしているところから名付けられているが、実は側面から見ると二等辺三角形に近い。8mm　詳細はp.288

190 · Shells of Great Beauty

191 · Shells of great beauty

Colourful Shells
色彩の饗宴

美しい色彩は、花や鳥、虫たちだけのものではない。
貝にも目の覚めるようなカラーバリエーションがある。
それも緑、黄、オレンジから赤、紫、青、白黒まで。
我らが軟体動物は、時には花をも凌ぐ華やかさで
自らの家を彩ることもできるのだ。

ヒメヒオウギ・姫桧扇
Mimachlamys sanguinea

ヒオウギよりも小さく、肋上の鱗片状突起も弱く、殻頂部はマダラ模様になる点が特徴である。9cm　詳細はp.291

エメラルドカノコ・エメラルド鹿の子
Smaragdia viridis

マダラ模様がなく、草色でも、カノコ（鹿の子）ガイと呼ぶ。アマモ類などの海草の上にすみ、ある種、迷彩色の殻色となっている。
5mm　詳細はp.276

チサラガイ・血皿貝
Gloripallium pallium

和名の由来はよくわからないらしく、血皿を当てているものがある。オオシマヒオウギに似ているが、肋（ろく）が3本に分かれている点が大きな違いである。5cm　詳細はp.291

オオシマヒオウギ・大島桧扇
Gloriopallium speciosum

鮮やかな赤と黄で、紫のマダラがあり、表面には光沢が強い。イタヤガイ科の種は、収集家に人気の高いグループで、ペクテン（Pecten）と称される。大島は、奄美大島のこと。4cm 詳細はp.291

ヒオウギ・桧扇
Mimachlamys crassicostata

桧の薄板から作られた扇子を、「ひおうぎ」と呼ぶことに因んだ和名である。赤・黄・紫と様々な色彩を持つ貝として著名であるが、自然下では濁った赤褐色のものが多い。12cm 詳細はp.291

ヒオウギ *Mimachlamys crassicostata*

197 · SHELLS OF GREAT BEAUTY

アラフラヒオウギ・アラフラ桧扇
Mimachlamys gloriosa

ヒオウギよりもやや小型で細く、鱗片（りんぺん）は明瞭。ヒオウギには見られない放射状の色彩を持っている。10cm　詳細はp.291

ヒヤシンスガイ・ヒヤシンス貝
Equichlamys bifrons

花のヒヤシンスをイメージして名付けられた。紫の個体が多いためであろう。7cm　詳細はp.292

199・Shells of Great Beauty

イチゴナツモモ・苺楊梅
Clanculus puniceus

ナツモモは、ヤマモモの熟れた実を連想して名付けられたようである。この種は、色と形がイチゴそのものといえる。18mm 詳細はp.275

テイオウナツモモ・帝王楊梅
Clanculus pharaonius

イチゴナツモモとほとんど同じだが、色彩が暗く、黒点列が多いことで区別できる。帝王は種小名のファラオ（古代エジプトの君主）から来ているようである。2cm 詳細はp.275

ゴシキカノコ・五色鹿の子
Neritina communis
ジグザグの縦縞模様が基本で、その粗密や螺旋状の濃紅色の色帯、縞模様の抜けた白帯なども様々で、どれひとつとして同じ模様はないかと思うほど変化に富んでいる。12mm 詳細はp.276

イロタマキビ・色玉黍
Littoraria pallescens

色彩変異だけでなく、殻表面の肋（ろく）の強弱も変化に富むタマキビ類で、マングローブ林で比較的多く見られる。15mm　詳細はp.277

テマリカノコ・手鞠鹿の子
Puperita pupa

この仲間は、潮間帯に足の踏み場もないほど生息することも多い。別名：シマウマカノコ。8mm　詳細はp.276

サラサバイ・更紗貝
Phasianella solida

更紗模様を持つ巻貝。更紗は、木綿地に多色で花などの柄を染めたもので、貝類の和名では「カラフルな」という意味で「サラサ」を用いている。15mm　詳細はp.275

クサイロカノコ・草色鹿の子
Smaragdia rangiana

インド-西太平洋域に分布するが、沖縄などの藻場は埋め立てなどで激減し、少なくなっている。エメラルドカノコ (p.193) の姉妹種。6mm　詳細はp.276

アヤメケボリ・文目(菖蒲)毛彫
Primovula trailli

写真の標本は濃い赤色のフィリピン産の個体だが、最初に名付けられた日本のものでは紫系の色彩のものが多いため、花のアヤメの紫に因んでいる。毛彫りは、殻の表面に「毛ほど」の細い溝があることから。10mm 詳細はp.278

ルリガイ・瑠璃貝
Janthina prolongata

和名は瑠璃色から。アサガオガイ（p.208-209）と同じ科で、同様な生活を送っている。3.5cm　詳細はp.281

アサガオガイ・朝顔貝
Janthina janthina

淡い殻の色を、アサガオの花に例えた名前。貝自らが粘液で気泡の「浮き」を作り、殻頂を下にして海面で浮遊生活を行っている。
3cm　詳細はp.281

209 • Shells of Great Beauty

Sunrise Designs
日の出文様の貝

放射状に広がる肋や染めは、まさしくサンライズ。
縞やまだらも美しいが、日の出文様の貝にはひと味違う趣がある。
冬の御来光、曇天の夜明け、台風一過の朝焼けと、
想像をめぐらせるのもまた、貝の楽しみ方である。

トライオンニシキ・トライオン錦
Aequipecten glypus

トライオンは著名なアメリカの貝類研究者。日本の貝にも、トライオンコギセルと献名されている。ニシキガイは日本の種で、様々な色彩を持つことから「錦」と名付けられている。5cm　詳細はp.292

ダイオウスカシガイ・大王透かし貝
Fissurella maxima

中央の穴は、アワビの穴と同じく、水や排泄物を出す部分である。アワビに近い仲間なので、日本にも食用としてラパ貝（ラパス貝）として輸入されている。8cm　詳細はp.274

ニチリンガサ・日輪笠
Helcion concolor

本種は、日本で見られるヨメガカサ科と同じく楕円形をしているが、南アフリカには、中華料理のサジ「ちりれんげ（散蓮華）」に似た形の、その名もチリレンゲという名の種など、多くのカサガイが知られる。4cm　詳細はp.274

ゴライコウサラガイ・御来光皿貝
Laciolina astrolabei

殻表の紅赤色の放射彩を、山頂きから見る荘厳な日の出のご来光になぞらえて名付けた。7cm　詳細はp.294

メキシコサラサヒノデ
メキシコ更紗日出
Tellinella cumingii

メキシコに分布する更紗模様の放射彩を持つ貝という名前となっている。写真の右が後部で、少し盛り上がっており、ここから長い水管を出して、海底面の有機物などを摂食している。4cm　詳細はp.294

ヒメニッコウガイ・姫日光貝
Tellinella staurella

放射彩のあるニッコウガイより小型という名である。5cm　詳細はp.294

ヒメカミオニシキ・姫神尾錦
Chlamys islandica
別名のオーロラニシキの方が通りが良いものの、ヒメカミオニシキと先に名付けられている。図示した本場大西洋の個体は細かな肋が強く、紫がかる。8cm 詳細はp.291

カミオニシキ・神尾錦
Chlamys albida
神尾は、戦前の農林省の漁業監視船の事務長だった神尾秀二氏に因む。北海道各地の漁業に伴って採集され、北の貝では珍しく、ピンク系の色彩なので、人気が高い。7cm 詳細はp.291

アメリカイタヤ・アメリカ板屋
Argopecten irradians

アメリカ大西洋のホタテガイ類で、両殻が同じように膨らむ。色彩には変異が多いものの、熱帯のような華やかさはない（同属で亜熱帯に分布するフロリダイタヤはカラフル）。6cm　詳細はp.292

セイヨウイタヤ・西洋板屋
Aequipecten opercularis

ヨーロッパでも食用にされている種。
両ページ（p. 214-215）で1点のみ、
この種が図示されており、肋の間が
広いことで区別できるだろうか？ 7cm
詳細はp.292

216 · Shells of great beauty

217 · Shells of great beauty

多様なタケノコガイ類など

Fancy Bivalves
二枚貝の幻影

造形という点で、巻貝に目立つものが多いのは確かだが、
二枚貝にも独特の美しさがある。
たとえば縮緬織りのような彫刻、翼のようなフォルム。
シンメトリーな形状や繊細な放射肋が見せる、
二枚貝ならではのイリュージョンがあるのだ。

チヂミリュウオウハナガイ・縮竜王花貝
Chione jamaniana

アサリやハマグリの仲間。日本産のハナガイ（花貝）にやや似ており、殻の表面にウロコ状の彫刻を持つ大型種がリュウオウハナガイと名付けられ、さらに表面の彫刻が著しく、縮み（ちぢみ）織りのようなイメージから命名した。3.5cm　詳細はp.294

テンシノツバサ・天使の翼
Cyrtopeleura costata

優雅な名前を持つ貝だが、堅い泥底に穴を開けて深く潜っているようである。殻の表面の棘で、泥を削って、成長と共に深く潜ることになり、一生海底に出ることはない。類似の種には、ペガサスノツバサやダビデノツバサなどの和名の種がある。12cm　詳細はp.295

カナリアキンチャク・カナリア巾着
Lyropecten corallinoides

カナリアは鳥と同様に、カナリア諸島の地名に由来する。美しい色彩で、その変異も多く、また希少なので、人気が高い。キンチャクは、口を紐で縛った袋で、確かに閉じた形がよく似ている。3cm　詳細はp.292

ケッペルホタテ・ケッペル帆立
Pecten keppelianus

ジェームズホタテ（p.16〜17）の仲間が、ベルデ岬諸島で特殊化（固有）したものと思われる。小型になり、左殻の色彩が明るく、美麗になっている。7cm　詳細はp.291

潮流にたゆたうフリルのように華麗、そして巨大。
仏教の七宝としても貴ばれてきた。

ヒレジャコ・鰭硨磲
Tridacna squamosa

漠然と「ボッティチェルリのヴィーナスの誕生」の貝はジェームズホタテ（p.16~17）で、シャコガイではない。写真中央の穴は、足糸を出すために開いている。シャコガイ類は、体に微小な共生藻を持ち、その光合成産物を利用している。30cm　詳細はp.293

223 · Shells of Great Beauty

ステータスとして貝を好むヨーロッパ文化

　貝類収集は、日本でもヨーロッパでも古くから行われてきた。日本では、江戸時代には、本草学から派生し、平賀源内の貝類を含む物産会等を通して（18世紀中頃）、庶民にも博物趣味が浸透していったことが指摘されている。しかし、一部の大名などのものを除き、江戸時代の貝類コレクションは現在ほとんどまとまっては残されていない（ヨーロッパにもたらされたシーボルトの貝類コレクションからは多くの新種が記載され、かなりまとまって残されている）。このように、一時隆盛した日本の貝類収集趣味だが、個人の家や部屋に飾るということはなかった。

　一方、ヨーロッパでも日本と同じ頃、博物学趣味が高まった。パリには主に貝類を取り引きする業者が600人もいたという記録もあるらしく、王侯貴族は自慢のコレクションを展示していた。これらのコレクションには、世界各地の貝類が含まれており、リンネーの『自然の体系』（第10版）の貝類の記載には世界中の種類が含まれている。ただ、未だ日本産の貝は含まれていない。

　その後も、ヨーロッパの貝類コレクション熱は衰えを知らなかったようで、インドネシアの水深100m位にすんでいる種も、19世紀中頃には記載されている（例えばイモガイ類）。過去から現在まで、この海域では水深100mにすむ動物を漁獲することは行われていない。すなわち、珍しい貝を入手するために網で海底を曳いていた（ドレッジと呼ぶ）としか考えられないのだ。それほどまでに貝類コレクションが盛んだったということだろう。

　日本と異なった点は、ヨーロッパのコレクションが競売など様々な経緯をたどったとはいえ、現在も残されていることである。加えて「国外の貝殻を飾る」ことが、ある種のステータスシンボルとしてなっていることも大きな違いだ。欧米の書棚には、コレクションと関係なく貝が置かれていることも多い。日本では人形が置かれていることはあっても、貝が置かれていることはまずないであろう。

　日本やヨーロッパで貝類収集が盛んであった18世紀、薬物の学である本草学が学問の中心であった中国では、趣味的な貝類収集とそのステータス化は発展しなかった。皇帝に遠隔地の文物を献上することは紀元前から行われていたが、博物学的に貝類を収集したということは、近世にもなかったといえよう。この一例は、当時中国の冊封を受けていた琉球において、中国へ美麗な熱帯性貝類を多数送ったという記録のないことや（大量のヤコウガイとタカラガイは記録に残る）、琉球王国の王府、首里城の発掘調査でも地域外からもたらされた貝類はまったく出土していないことからもわかる。

　つまり、近世期に花開いた貝類コレクション文化は、欧米においてのみ、単にコレクションの伝統だけではなく、書棚の貝に見られるようにある種の文化的ステータスとして発展したものと思われる。

　　　　　　　　　　　　　　　　黒住耐二

18世紀末から19世紀初頭、英国で活躍したフランス人画家ルロワ・ドゥ・バルドゥによる水彩／ガッシュの作品。
A Selection of Shells Arranged on a Shelf,
Alexandre-Isidore Leroy De Barde（1777-1828）
Wikimedia Commons より転載

マボロシハマグリ・幻蛤
Hysteroconcha lupanaria

名前の通りハマグリの仲間だが、砂に潜る種では他に例のない長い棘を発達させた貝である。棘のある側（後部）から海面側に水管を出すので、水管を守ったり、天敵に捕食されないようにするために棘があると考えられている。7cm 詳細はp.294

イジンノユメ・異人の夢
Bassina disjecta

日本には、この種に似て3cmの小形種で比較的珍しいユメハマグリが分布する。比較的変化のない二枚貝の中で成長肋が板状に立ち、稀なこともあって、収集家の心をくすぐり「夢蛤」と名付けられた。この貝は、同様な形の大型種で国外産の種であることから「異人の」夢蛤となっている。6cm 詳細はp.294

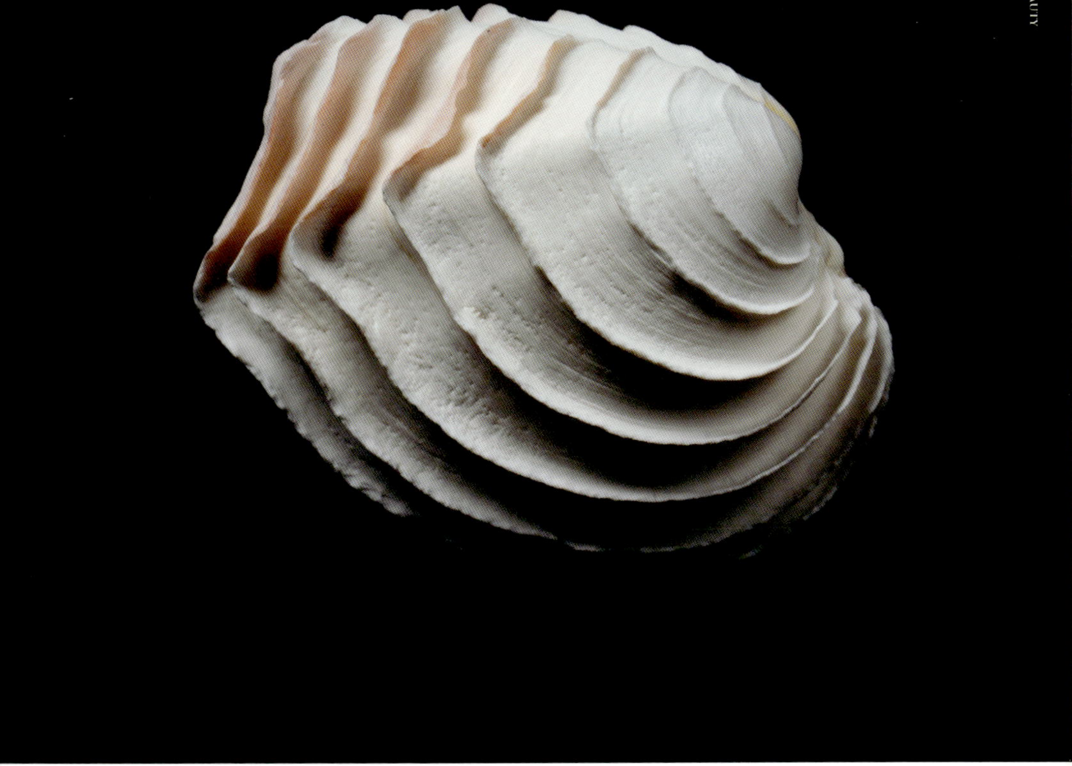

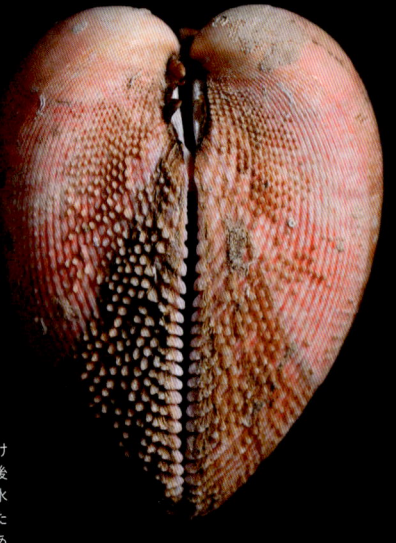

キンギョガイ・金魚貝
Nemocardium bechei

名前の金魚は、赤い貝殻から名付けられた。写真は合わさった状態を、後ろから撮影したもので、こちらから水管が出る。殻表からの図では目立たない後部の細かな彫刻が見事である。5cm 詳細はp.293

リュウオウゴコロ・竜王心
Glossus humanus

他の二枚貝と異なって、殻頂が巻くような形になっており、二枚の合わさった殻を後方から見ると、人間の心臓の形にも見える。学名に基づくと「心臓貝」とでもなるところを「心」とするところがにくい。表面の濁った褐色の部分は殻皮で、いずれは分解される。7cm 詳細はp.294

リュウキュウアオイ・琉球葵
Corculum cardissa

ハート形をした二枚貝で、どの本にも紹介されている。植物のアオイの葉の形に似ていることに因む。この形は、殻を前後に圧縮したことによるもの（中央に二枚の殻の合わせ目がわかる）。4cm 詳細は p.293

229 · SHELLS OF GREAT BEAUTY

ハデトマヤガイ・派手苫屋貝
Cardita laticostata

苫屋とは植物の茅（かや）などで作った菰（こも）で屋根を葺いた粗末な家で、この仲間の肋（ろく）を、茅などに見立てて名付けられている。その中でも派手なので、この和名となった。個体の模様によっては、猫の顔に見える。3.5cm 詳細はp.293

ピューマか虎か、わが家のタマか。派手な模様を後ろから見ると、ネコ科動物の趣きに

フカミゾトマヤガイ・深溝苫屋貝
Cardita crassicostata

沖縄を含む日本にはトマヤガイ科の種は少なく、変わった形や色彩のものはほとんど見られないが、東太平洋の熱帯域では、今回示した2種のように興味深い種を含め、種数は比較的多い。4cm 詳細はp.293

カスリトマヤガイ・絣苫屋貝
Cardita bicolor

和名は、絣模様のトマヤガイ。二枚貝は、イタヤガイ類などを除き貝類コレクターには珍重されない。2.5cm 詳細はp.293

234 · Shells of great beauty

235・Shells of great beauty

メキシコモシオガイ・メキシコ藻塩貝
Eucrassatella digueti

厚い殻で、長く伸びた側が後ろ。一部の写真に見られる褐色の目のような部分は靱帯などである。6cm　詳細はp.293

Likened Shells
見立ての貝

貝の名前、とりわけ和名には、
その形や色柄を何かになぞらえて付けられたものが少なくない。
和歌や俳諧でおなじみの「見立て」である。
万葉の風流人たちも嗜んだ言葉遊びを貝に探すのもまた、乙な愉しみだ。

パレイドリア効果

殻の形を何かになぞらえ、名付けられたものとはまた別に、その模様が、見る者にイリュージョンを与えることもある。雲やしみなど不定形なものの形が、違ったもの…人の顔や動物に見えることをパレイドリア効果と呼ぶが、まさに貝の斑紋はその宝庫でもある。自然の意匠か偶然か、その模様に隠されたもうひとつの美を読みとるのもまた一興だ。上・山水画を思わせるセキトリマクラ、下・エンジイモの褐色帯に浮かぶビル街、もしくは人面。

セキトリマクラ・関取枕
Oliva bulbosa

殻が太いことから関取と名付けられている。殻に光沢を持つことから、世界各地の先史遺跡で装飾品に加工されている例が多いものの、温帯の日本ではほとんど利用されていない。
4cm 詳細はp.284

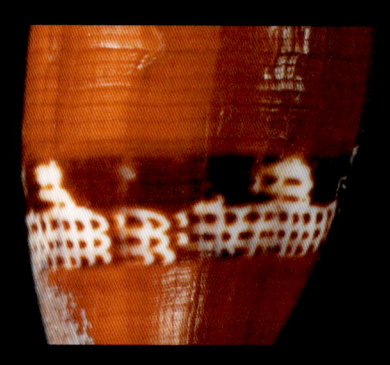

エンジイモ・臙脂芋
Conus coccineus

赤褐色の色彩から名付けられた。特別な装備なしでも採集可能な水深に生息し、しかも比較的珍しい。採集できると嬉しくなる貝。3.5cm 詳細はp.285

カワバトガイ・川鳩貝
Mutela bargeri

淡水にすむ二枚貝では、イシガイ科の種が多く、各大陸で異なったグループに分化している。日本には見られない後端の延びる種には、このカワバトガイの他、南アメリカにカワウグイスが知られている。10cm　詳細はp.293

ウグイスガイ・鶯貝
Pteria brevialata

流れの速い岩礁などで、木の枝のような形をしている動物のヤギ類に、嘴（くちばし）の根元から足糸で付いて生活している。この状態を、枝にとまった鶯になぞらえたのかもしれない。7cm　詳細はp.290

239・ SHELLS OF GREAT BEAUTY

ツバメガイ・燕貝
Pteria avicular

殻の形からツバメにたとえられている。長く伸びた尾羽根に当たる部分が殻の後部。この仲間には、その他にもフクラスズメ、ハヤブサガイの他、半円真珠の母貝・マベ（学名はペンギン）など、鳥の因む和名が付けられている。7cm　詳細は p.290

ノアノハコブネガイ・ノアの方舟貝
Arca noae

舟を連想させる膨らんだ形から、旧約聖書のノアの方舟と名付けられている。学名の直訳ではあるが、夢をかきたてる名前ではある。生きている時は、写真で茶色の菱形が見える殻頂側を外側に向けて生活している。6cm 詳細はp.290

ワシノハ・鷲の羽
Arca navicularis

主に殻の形からか(もしくは模様か)、格好良い名前が付けられている。ノアノハコブネガイで見られた菱形の部分(靭帯[じんたい]/標本では剥がされている)に V字状の溝を持つ(写真p.243)。6cm 詳細はp.290

オオタカノハ

謎めいた文様
剥がされた靭帯の下からは、微細な彫りが現れる。規則正しく並ぶV字や斜線の溝が、時に菱文のようにも、また先史時代のレリーフのようにも見える。

オオタカノハ・大鷹の羽
Arca ventricosa

ワシノハ（p.241）に対してタカノハなのだが、二枚貝のマテガイに近い貝に「タカノハ」の名が先にあったので「オオ」が付いている。ワシノハと同じV字状の靱帯の跡と共に、咬みあわせの細かな歯の構造が細かな線となって見えている。8cm　詳細はp.290

ワシノハ

ワシノハ

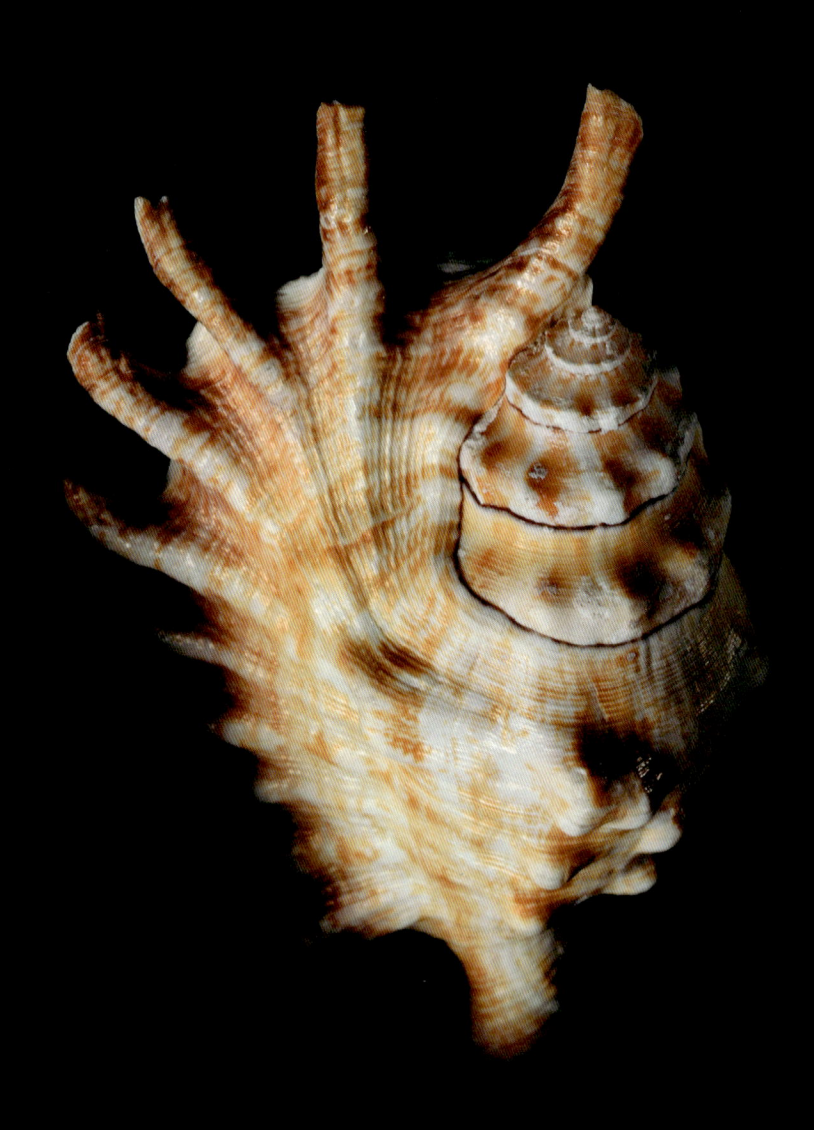

245・Shells of great beauty

多数の棘をムカデ（百足）になぞらえて名付けられている。殻口は、フシデサソリ（p.247）と同様だが、棘の感じが違うのはわかってもらえるだろう。棘のある殻口外唇部（袖）の下端が割れたように窪んでいる。この部分は、眼を出すための窪みなのである。10cm　詳細はp.277

ムカデソデガイ・百足袖貝
Lambis millepeda

ピルスブリーサソリ・ピルスブリー蠍
Lambis crocata pilsbryi

右ページ写真中央も本種。長い棘をサソリに見立てたサソリガイがあり、この種はインド-西太平洋に広く分布するが、分布の東端のマルキーズ諸島では棘がより長くなり、別亜種とされている。ピルスブリーは世界中の貝を極めて多数命名したアメリカの貝類学者。20cm 詳細はp.277

フシデサソリ・節手蠍
Lambis scorpius

写真上と下がフシデサソリ。同じく棘をサソリに見立てたもので、棘の一部に瘤（こぶ）があることから「節のある手」と表現されている。12cm　詳細はp.277

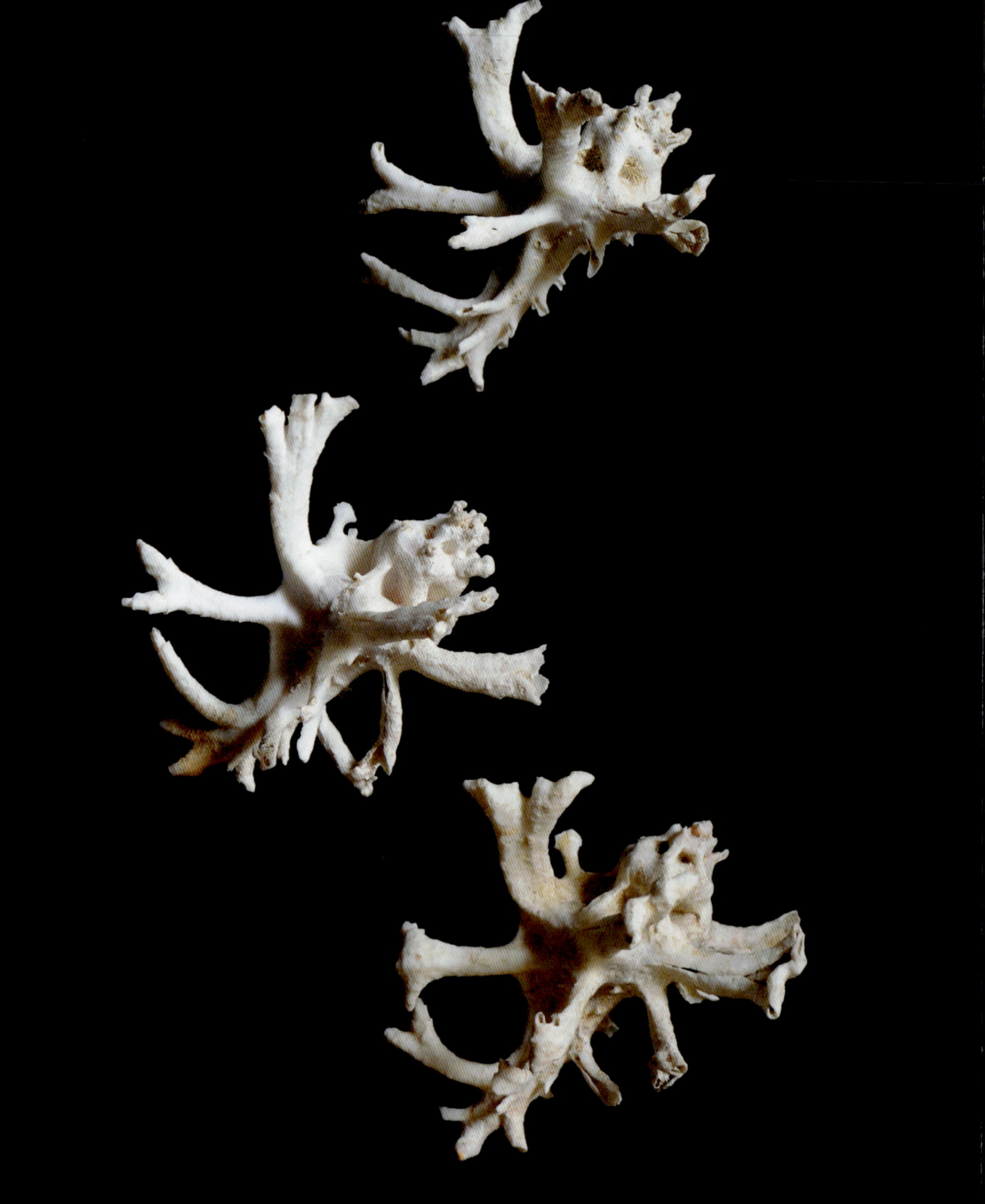

トナカイイチョウ・トナカイ銀杏
Homalocantha zamboi

棘の先が銀杏の葉のように広がるイチョウガイに似ているが、棘が細く、殻口外縁に小棘を欠く点が異なっている。細い棘をトナカイの角に見立てた名。4cm 詳細はp.281

トガリウノアシ・尖り鵜の足
Scutellastra longicosta

日本に分布する別の科(ユキノカサ科)のウノアシを大きくしたような貝。多くのカサガイは潮間帯の岩礁にすみ、小さな海藻を歯舌で削り取って食べている。6cm　詳細はp.274

ダチョウウノアシ・駝鳥鵜の足
Cymbula granatina

形はトガリウノアシに似ているが、別属とされている。ウノアシは、鳥の鵜の水かきのある足に因んでおり、同じ鳥の「ダチョウ」と「ウ」を並べる和名は感心しない。付けるとするならば、大きなことに因んで、ダチョウノアシが良かったと思われる。6cm　詳細はp.274

オオツタノハ・大蔦の葉
Scutellastra optima

大型のカサガイで、殻高は低い。これは波当たりの強い場所にすむので、抵抗を小さくするためである。殻表の多くの渦巻きは、付着したヘビガイ類。日本では、縄文時代から古墳時代まで、この貝の貝輪が貴重なものとして利用されていた(p.21)。7cm 詳細はp.274

Houses of Snails
蝸牛の美しい家

「かたつむりは小さな家をたて、一緒にもちあるく」と。だから「かたつむりはどんな国へ旅しようとつねに自宅にいる」。

(18世紀の書『自然の驚異』からの引用)
1969,ガストン・バシュラール,岩村行雄訳,『空間の詩学』,思潮社

マイマイとも呼ばれる蝸牛（かたつむり）もまた、陸にすむ貝、すなわちリクガイである。
彼らの家である殻は、こじんまりとしていながら海の遠縁たちに負けず劣らず彩り豊かだ。
地域によって風情の異なる彼らの小さな住宅は、いかにも瀟洒で住み心地良さげに見える。

ヒメリンゴマイマイ・姫林檎蝸牛
Cantareus aspersus

ヨーロッパでは普通に見られるカタツムリで、人家周辺にも多い。色彩に変化は少なく、濃い黒褐色のマダラの筋に、黄色の稲妻状の火炎彩を持っている。図示された生体はスコットランド北部シェットランド諸島で撮影されたもの。3.5cm　詳細はp.289

サオトメイトヒキマイマイ・早乙女糸引き蝸牛
Liguus virgineus

陶白色の地に、黄・黒・淡い紫・赤の横縞を持つ想像を絶する色彩のカタツムリ。ただ残念なことに、淡い紫の部分は経年変化で色落ちする。4cm　詳細はp.289

イトヒキマイマイ類 *Liguus* spp.

イトヒキマイマイ類・糸引き蝸牛類　*Liguus* spp.

キューバをはじめとする西インド諸島などの陸域に分布。この仲間は木の上にすみ、他にもカラフルな種が多く、特にアメリカの収集家に好まれている。5cm　詳細はp.289

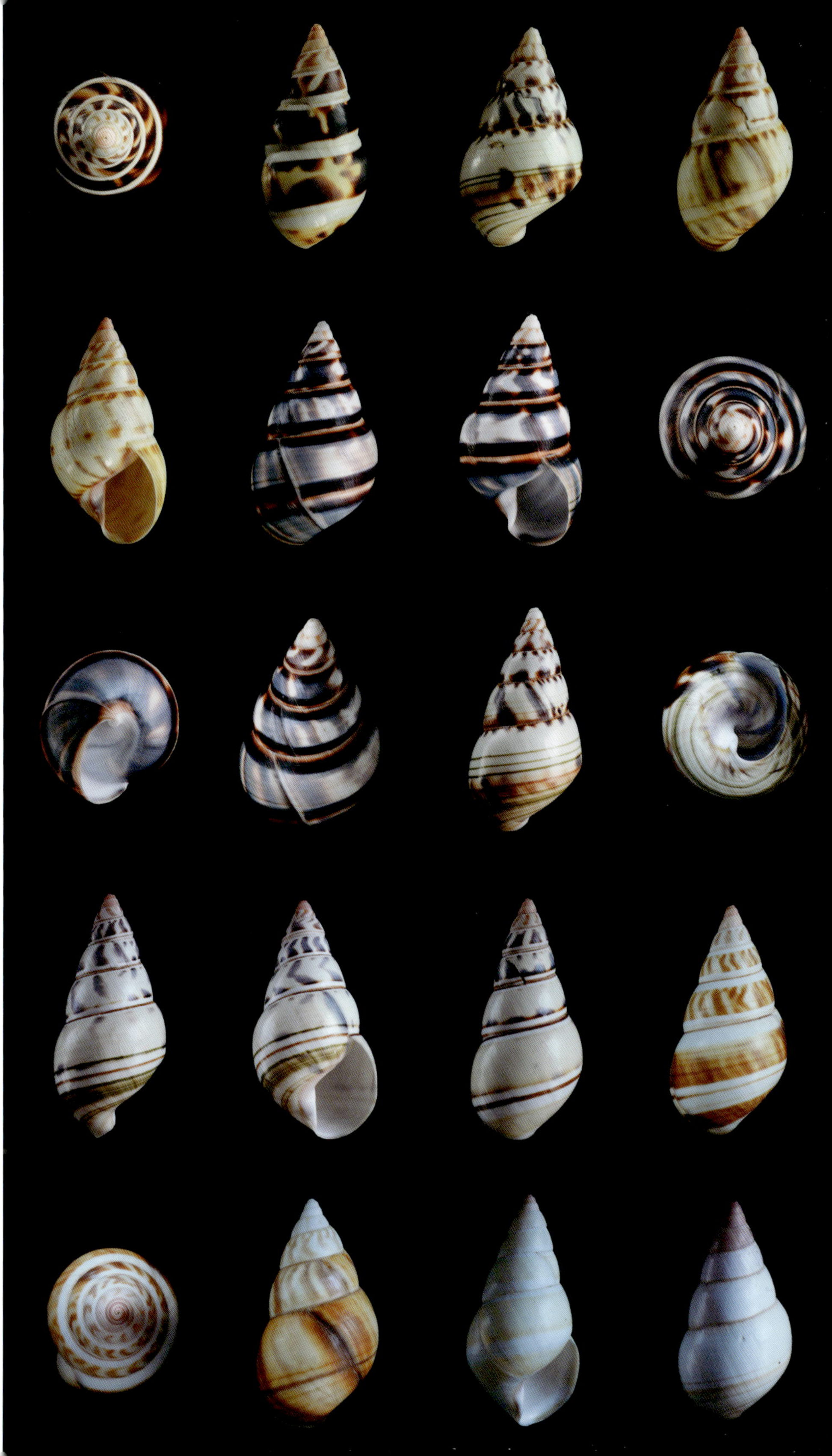

キス・ジハワイマイマイ・黄筋ハワイ蝸牛
Achatinella decora

カタツムリは這うという移動手段が基本で、その移動能力は極めて小さく、環境変化によって小さな集団になり、種分化しやすい。その好例とされるのがハワイ諸島のこのカタツムリで、「谷ごとに種が異なる」といわれているほどである。樹上にすむ種に多い背の高い巻貝である。14mm 詳細はp.288

ミドリパプア・緑パプア
Papuina pulcherrima

黄緑色に黄色の細い筋を持ち、殻の表面には光沢があるカタツムリ。もちろん、すべて自然のものである。この仲間はニューギニア周辺に多くの種が分布しており、パプアマイマイと呼ばれる。この種もその1種で、ひとつの島にしか住んでいない。3.5cm　詳細はp.289

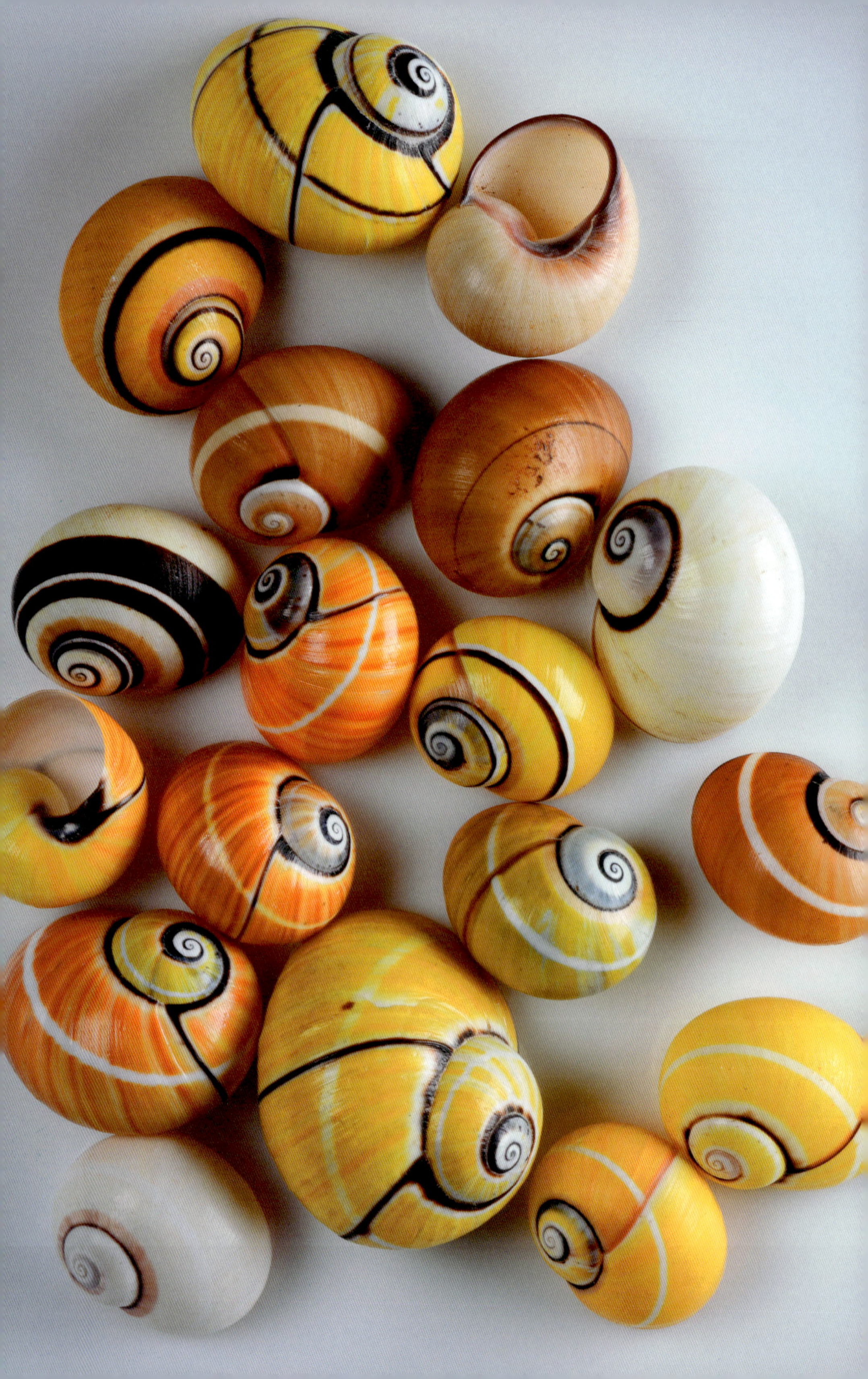

コダママイマイ *Polymita picta*

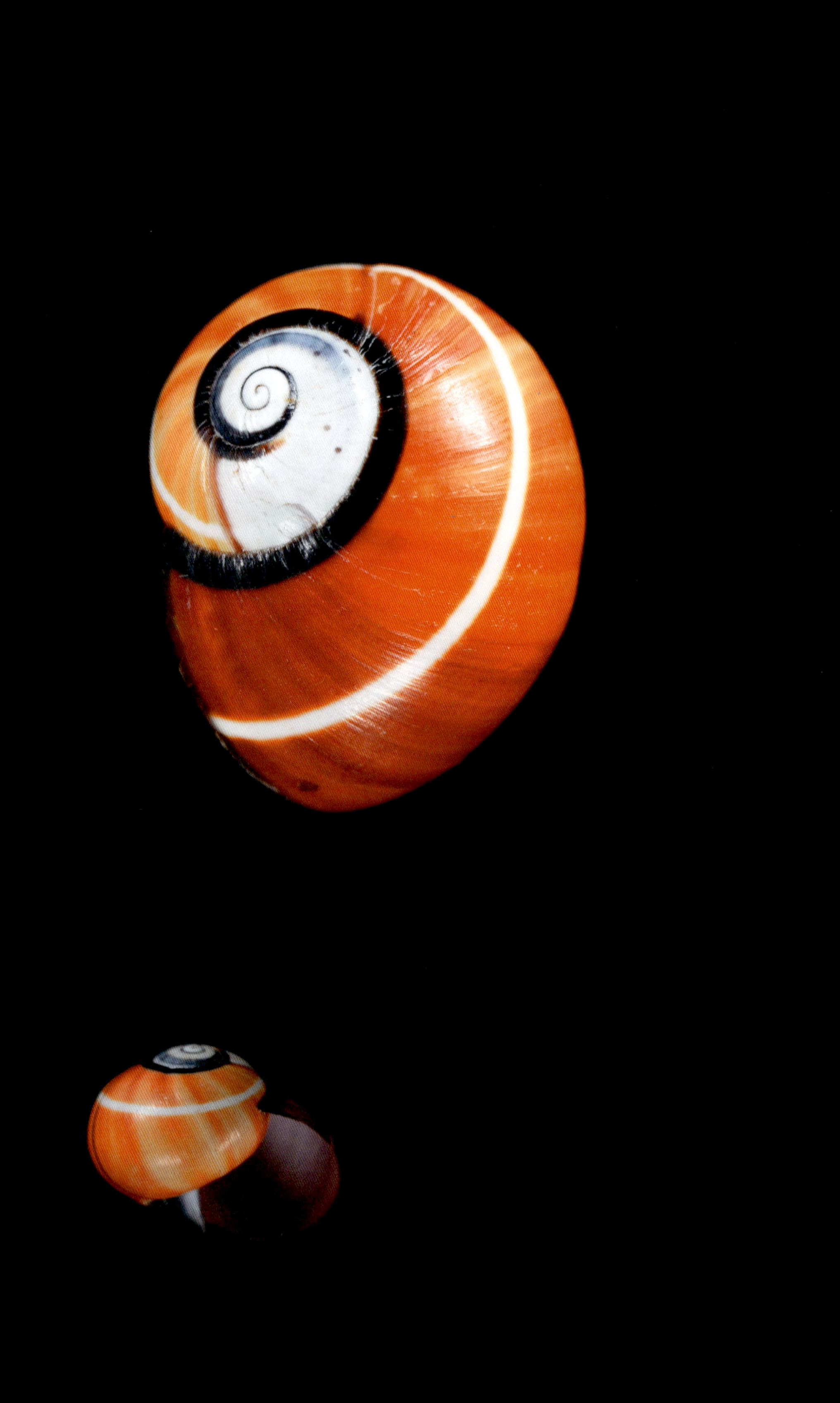

コダママイマイ・小玉蝸牛
Polymita picta

赤・橙・黄の原色に黒や白の横縞の入る美しいカタツムリ。冬眠はしないと思われるが、時に黒い成長停止線を持つものも多く、夏眠の跡かもしれない。2cm 詳細はp.289

261 · SHELLS OF GREAT BEAUTY

ワダチヤマタニシ・轍山田螺
Tropidophora cuvieriana

2本の竜骨状の尖った螺肋(らろく)を持つ大型のカタツムリ。ある本では「世界的名貝のひとつ」とまで書かれており、貝類収集家のセンスがわかる貝。8cm 詳細はp.277

263 · SHELLS OF GREAT BEAUTY

クロイワマイマイ・黒岩蝸牛
Euhadra senckenbergiana senckenbergiana

解説者が日本で最も美しいと思っているカタツムリ。日本では、カラフルなカタツムリは稀で、大型種ではこのような褐色系のものが多い。5cm 詳細はp.289

トバマイマイ・鳥羽蝸牛
Euhadra decorata tobai

日本のカタツムリでは少数派の左巻である。種としては、ムツヒダリマキマイマイに含まれるが、中でもトバマイマイは、大きく、殻表に光沢を持ち、稀なことも加味されて、自慢できるもののひとつとなっている。4.5cm 詳細はp.289

ヒシャゲマイマイ・拉げ蝸牛
Pedinogyra hayii

平たく巻き、最後が少し捩れるという特異な形をしたカタツムリ。多くの仲間では、成熟すると殻の最後が反り返って厚くなる。それにより螺線方向への成長を止め、反り返りを厚くしていく。厚くすることで、天敵に殻を壊されることを防いでいると考えられている。7cm 詳細はp.289

265 • Shells of Great Beauty

オオタワラガイ・大俵貝
Cerion uva

米俵に似たカタツムリで、フロリダから西インド諸島（大アンチル諸島）に分布し、海岸部の林で大きなコロニーを形成しているという。2.5cm　詳細はp.288

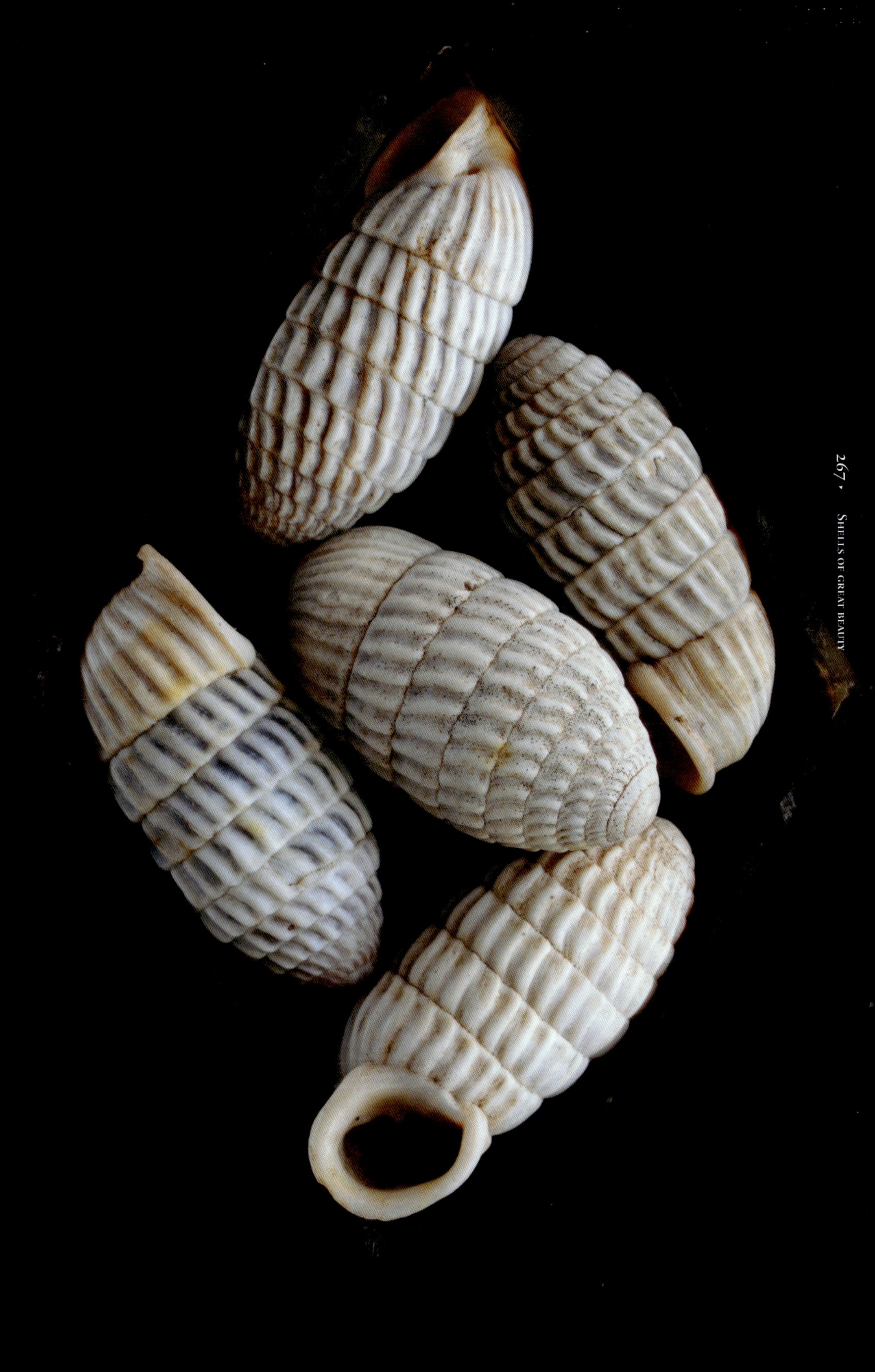

パイプガイ類の一種
Brachypodella riisei

カタツムリの中には、この種のように細長いものも多い。日本ではキセルガイ（煙管貝）が各地で種分化している。キューバを含む西インド諸島で種分化しているのが、このパイプガイ類である。10mm 詳細はp.288

アカオオタワラ・赤大俵
Cerion rubicundum

このオオタワラガイ類は、10種以上の種が属するにもかかわらず、珍しくひとつの科に1属しかない特異なものである。2.5cm 詳細はp.288

269 · Shells of great beauty

ヒダヤマタマキビ・襞山玉黍
Acroptychia metableta

オカタマキビ類でも多くの種は、成貝になると殻口が反り返り、螺線方向への成長を止める。しかしこの貝は、こうした成長様式と異なり、規則的な「反り返り」をいくつも形成する。4cm　詳細はp.276

271 · Shells of great beauty

各部の名称

▶ 巻貝

- 殻頂 かくちょう
- 螺肋 らろく
- 縦肋 じゅうろく
- 螺塔 らとう
- 棘
- 殻高（殻長）かっこう（かくちょう）
- 殻底 かくてい
- 水管 すいかん
- 外唇 がいしん
- 殻口 からくち／かっこう

▶ タカラガイ生体

- 水管 すいかん
- 殻
- 外套膜 がいとうまく
- 触角
- 眼
- 口／吻
- 足

Photo by S.Kato

- 殻頂 かくちょう
- 成長肋 せいちょうろく
- 前
- 後
- 殻長 かくちょう

▶ 二枚貝

- 放射肋 ほうしゃろく
- 前
- 左殻
- 後
- 右殻
- 前
- 殻頂
- 左殻
- 右殻
- 後
- 靭帯 じんたい

美しすぎる世界の貝

掲載種解説

黒住耐二

解説の見方

科	ミミズガイ科
科学名	Siliquariidae
和名	—
	P.183
漢字表記	ムラサキコケミミズガイ
	紫苔蚯蚓貝
	Tenagodus armata
	● 4cm ● 暖温帯〜熱帯の西北太平洋の水深100m付近
	▶ 不規則に巻いた管状の殻をミミズに例え、殻表の小突起をコケとみなした名。この仲間はカイメンの中に集合して生息している。ただ、カイメンを摂食しているわけではなく、繊毛によって水流を起こし、浮遊物を集めて餌としている。管の上部が溝状に開いてる。他にも岩に付着し、不規則に巻く仲間に、ヘビガイ、ムカデガイなどがある。
	● 別名：ムラサキミミズ

漢字表記
漢字表記の末尾に［貝］［法螺］［蝸牛］とあるものは、和名に「—ガイ」「—ボラ」「—マイマイ」と付けても良い。

サイズ
殻高や殻長など主な部位の大きさ。2cm未満はmmで、2cm以上はcmで表した。

解説

写真掲載ページ
複数ページにわたるものは開始ページを記載。

学名
本書では、命名者名と記載年を割愛した。

分布、生息場所
海産はその旨明記していない。分布域は、主となる地域を先に記した。熱帯の方が分布の中心と考えられる場合「熱帯〜亜熱帯」となる。

クサズリガイ科
Chitonidae

—

P.182

カナリーヒザラ
カナリー膝皿 [貝]
Chiton olivaceus

● 2.5cm ● スペイン～カナリア諸島の潮間帯下部から浅海岩礁

▶ ヒザラガイ類は8枚の殻を持つ貝類だが、巻貝や二枚貝と異なる仲間で（p. 8～9参照）、足は巻貝のカサガイに似ているものの、目や触角はない。巻貝と同じ口に歯舌があり、最も大きなものの先端は黒く、磁鉄鉱で覆われている。本書写真の上と左が頭部側。内面の写真（別種）は、足や内臓、周辺の肉体を除いた殻だけのものである。足の筋肉は時に食用とされる。ヒザラガイ類はコレクションアイテムとして（特に日本では）、人気がまったくない。カナリーはカナリア諸島の別称。

ツタノハ科
Patellidae

—

P.211

ニチリンガサ
日輪笠 [貝]
Helcion concolor

● 4cm ● 南アフリカの潮間帯岩礁

▶ 南アフリカには、大型のカサガイが多数分布している。本種は、日本で見られるヨメガサ科と同じく楕円形をしているが、南アフリカには、中華料理のサジ「ちりれんげ（散蓮華、あるいは、れんげ）」に似た形の、殻の前方が伸びる、その名もチリレンゲという種など多くのカサガイも知られる。

—

P.250

トガリウノアシ
尖り鵜の足 [貝]
Scutellastra longicosta

● 6cm ● 南アフリカの潮間帯岩礁

▶ 日本に分布する別の科（ユキノカサ科）のウノアシを大きくしたような貝（日本でも、これくらい尖っているウノアシも見られる）。多くのカサガイは潮間帯の岩礁にすみ、小さな海藻を歯舌で削り取って食べている。そのため、なわばりを持ち、他の個体が入ってこないように防衛して海藻が生えやすくする種があるが、トガリウノアシも大きなテリトリーを保持する種のひとつ。

—

P.251

オオツタノハ
大蔦の葉 [貝]
Scutellastra optima

● 7cm ● 琉球列島北部と伊豆諸島南部の潮間帯岩礁

▶ 大型のカサガイで、殻高は低い。これは波当たりの強い場所にすむので、抵抗を小さくするためである。生時には殻の表面は、石灰藻などに覆われて岩と見分けがつきにくい。日本では、縄文時代から古墳時代まで、この貝の貝輪が貴重なものとして利用されていた（p.21）。

—

P.250

ダチョウウノアシ
駝鳥鵜の足 [貝]
Cymbula granatina

● 6cm ● 南アフリカの潮間帯岩礁

▶ 形はトガリウノアシに似ているが、別属とされている。ウノアシは、鳥の鵜の水掻きのある足に因んでおり、同じ鳥の「ダチョウ」と「ウ」を並べる和名は感心しない。付けるとすれば、大きなこと因んだダチョウノアシで良かったと思われる。自分が好きだから、ということで和名を改称・新称すると際限がなくなるので、できるだけ避けるべきである。

オキナエビス科
Pleurotomariidae

—

P.90

リュウグウオキナエビス
竜宮翁戎 [貝]
Entemnotrochus rumphii

● 20cm ● 熱帯～亜熱帯の西太平洋の水深300m付近の砂泥底

▶ この貝は、1個の貝に360万円という最も高い値段のついた種。当時、世界に数個しかなく、日本にあった1個は太平洋戦争で焼失してしまっていた。それが、1968年に台湾沖から採集され、鳥羽水族館が1万ドル（固定相場で360万円）で購入した。現在でも、大型で傷の少ないものは数十万円で取引されている。

—

P.88

ミダースオキナエビス
ミダース翁戎 [貝]
Bayerotrochus midas

● 10cm ● 西大西洋のバハマ諸島の水深数百m

▶ ミダースは、ギリシャ神話に出てくる王の名で、触るものすべてを黄金に変える力を持ったことや、童話『王様の耳はロバの耳』の王様で知られる。貝の学名も研究によってよく変わり、この種の属名も最近 *Bayerotrochus* とされるようになっている。

—

P.89

ヒメオキナエビス
姫翁戎 [貝]
Perotrochus quoyanus quoyanus

● 5cm ● 西大西洋のメキシコ湾－西インド諸島の水深300m付近

▶ 写真の個体は、かつてホウセキオキナエビス（*gemma*）の名で、別種とされたこともあったが、現在ではヒメオキナエビスと同一種とされる。珍しいオキナエビス類の種数が1種減ることになると、コレクターは悲しむ。

—

P.91

ベニオキナエビス
紅翁戎 [貝]
Mikadotrocus hirasei

● 8cm ● 暖温帯～亜熱帯の東アジアの水深200m付近の砂泥底

▶ 紅色をしたオキナエビス。翁戎は、歳とった（＝大型の）エビスガイの意味で、エビスには貝類では「恵比寿」ではなく、「戎」を当てるのが一般的。オキナエビス類の中では、最も多く得られている。この仲間は、野外ではカイメンなどを摂食しているが、飼育条件下では魚やカキを食べるとのことである。

スカシガイ科
Fissurellidae

—

P.211

ダイオウスカシガイ
大王透かし貝
Fissurella maxima

● 8cm ● ペルー～チリの浅海岩礁

▶中央の穴は、アワビの穴と同じく、水や排泄物を出す部分である。アワビに近い仲間なので、日本にも食用として、現地での名称に由来したラパ貝（ラパス貝）として輸入されている。時に、食後アレルギー反応を起こす場合もある。

ミミガイ科
Haliotiidae

—

P.92
クジャクアワビ
孔雀鮑
Haliotis fulgens

● 20cm ● 北アメリカ西岸（カリフォルニア周辺）の浅海岩礁
▶殻の内面の模様がクジャクの羽の模様に似ていることから名付けられた。かなり多く生息するようである。カリフォルニア周辺には、日本よりも多くの大型アワビ類が生息する。

—

P.93
マキミゾアワビ
巻溝鮑
Haliotis parva

● 4cm ● 南アフリカの浅海岩礁
▶殻の表面に、巻きにそって1本の溝を持ち、他の部分は平滑であることから名付けられた。

リュウテン（サザエ）科
Turbinidae

—

P.136
リュウテン
竜天
Turbo petholatus

● 6cm ● 熱帯の西・中部太平洋の浅海岩礁
▶和名は殻の模様が竜が天に昇るように見えるところから名付けられたのかもしれない。サザエの仲間で、フタの外側は緑がかって美しく、キャッツアイとも呼ばれ、様々な装飾品などに利用されている。サンゴ礁の水深10m付近の転石下に生息する。タカラガイなどのように外套膜で殻を包まないが、殻の表面は平滑で光沢がある。

—

P.168
ハリナガリンボウ
針長輪宝［貝］
Guildfordia yoka

● 12cm ● 暖温帯〜亜熱帯の東アジアの水深400m付近の砂泥底
▶輪宝とは、元は八方に矛先を出すインドの武器だったものが、仏教に取り入れられて仏具となったものである。貝の形が、輪宝に似ているところから名付けられた。殻の縁にある長い棘は、姿勢を安定させるのに役立つとされる。成長に伴い貝自ら棘を切り落とし、その跡が見てわかる。本種は類似のリンボウガイよりも深い水深に生息する。なお、リンボウガイは日本貝類学会の紋章。

サラサバイ科
Phasianellidae

—

P.204
サラサバイ
更紗貝
Phasianella solida

● 15mm ● 熱帯〜暖温帯のインド洋 − 西太平洋の浅海岩礁
▶更紗模様を持つ巻貝。更紗は、木綿地に多色で花などの柄を染めたもので、貝類の和名では「カラフルな」という意味でサラサを用いている。橙色から赤色が中心で、変異に富む。温帯域では基質が暗いためか褐色系の個体の割合が高いように思われる。

—

P.138
オオサラサバイ
大更紗貝
Phasianella australis

● 5cm ● オーストラリア南部の浅海岩礁
▶サザエの仲間だが、殻の内層に真珠層は発達しない。フタは、サザエと同様に石灰質で厚く、ヤコウガイのように外側は平滑。サラサバイの仲間は、岩礁にすむものの殻表に付着物や明瞭な殻皮がなく、光沢を持っている。

カタベガイ科
Angariidae

—

P.170
ショウジョウカタベ
猩々片部［貝］
Angaria vicdani

● 8cm ● フィリピンの水深100m付近の岩礁
▶猩々は、赤い顔と赤い長い毛を持つ酒好きな、中国の想像上の怪物。またオランウータンのことでもある。その赤い色と長い毛から連想されるカタベガイが名前の由来。長い棘の上に小さなピンク色の粒＝原生動物のモミジスナゴが付いており、この生物は岩礁域の表面付近に生息するはずだが、なぜか得られる標本では棘が完全なものが多い。

ニシキウズ科
Trochidae

—

P.200
イチゴナツモモ
苺楊梅［貝］
Clanculus puniceus

● 18mm ● 主に東アフリカの亜熱帯〜熱帯の浅海岩礁
▶ナツモモは、ヤマモモの熟れた実を連想して名付けられたようである。よく見ると殻口は狭く、多くの歯状突起を持つ不思議な形をしている。この種は、色と形がイチゴそのものといえる。浅い海に普通に生息する貝のようで、流通量も多い。

—

P.200
テイオウナツモモ
帝王楊梅［貝］
Clanculus pharaonius

● 2cm ● 熱帯〜亜熱帯の東アフリカの浅海岩礁
▶イチゴナツモモとほとんど同じだが、色彩が暗く、黒点列が多いことで区別できる。帝王は種小名のファラオ（古代エジプトの君主）から来ているようである。

アマオブネ科
Neritidae

—
P.203
テマリカノコ
手鞠鹿の子[貝]
Puperita pupa

● 8mm ● 西大西洋のフロリダ〜西インド諸島の潮間帯
▶ この仲間は、潮間帯に足の踏み場もないほど生息することも多い。そのような高密度で見られる場合、通常、1種類だけに限られる。
● 別名：シマウマカノコ

—
P.201
ゴシキカノコ
五色鹿の子[貝]
Neritina communis

● 12mm ● 熱帯の西太平洋のマングローブ林など
▶ ジグザグの縦縞模様が基本で、その粗密や螺旋状の濃紅色の色帯、縞模様の抜けた白帯など、どれひとつとして同じ模様はないかと思うほど変化に富んでいる。多くの図鑑には日本産とされていないが、生貝が沖縄島や西表島で20世紀後半に確認されている。ただ、繁殖を繰り返すことのない無効分散のようである。

—
P.205
クサイロカノコ
草色鹿の子[貝]
Smaragdia rangiana

● 6mm ● 熱帯のインド洋-西太平洋の浅海海草藻場の葉上
▶ カノコガイの名は、鹿の子模様（鹿の子斑）に由来する。本来は鹿の子供のように褐色の地色に白斑を持つものだが、カノコガイは必ずしも褐色ではない。さらにグループの名前として定着したため、マダラ模様がなく、草色でも、カノコガイでOKなのである。この貝はアマモ類などの海草の上にすみ、ある種、隠ぺい効果のある殻色となっている。沖縄などの藻場は埋め立てなどで激減し、本種も少なくなっている。

—
P.193
エメラルドカノコ
エメラルド鹿の子[貝]
Smaragdia viridis

● 5mm ● 西インド諸島周辺の浅海海草藻場の葉上
▶ インド-西太平洋域に分布するクサイロカノコの大西洋の姉妹種で、小型。

ヤマタニシ科
Cyclophoridae

—
P.11
ミダレシマヒメヤマタニシ
乱れ縞姫山田螺
Cyclophorus sericinum

● 2.5cm ● フィリピンの森林内
▶ フタを持ったカタツムリの一種。フィリピンやタイなどの東南アジアには、ヤマタニシ類が多様に分化しており、中には6cmにもなる種もある。ただ、殻の上面は褐色の弱いマダラ模様を有するものが多く、この種が最も派手といえる。沖縄の種では、子供の時にはマダラ模様で変異がないものの、鳥に食べられなくなるサイズになると、様々な色彩を持つようになる。殻の下面には横縞や白帯を持つものなど、様々に変化している。

—
P.186
アオミオカタニシ
青身陸田螺
Leptomopa vitreum taivanum

● 16mm ● 熱帯の西太平洋の主に島嶼部の森林
▶ 殻は半透明で、緑色の軟体が透けて見える。陸上にすむが、デンデンムシのように触角の先端に目がある仲間ではなく、フタを持ち、タニシに近い群である。そのため、緑（青）の陸のタニシという名前になっている。樹上の葉の上などで暮らしており、体の緑は「保護色」なのかもしれない。熱帯太平洋の島々に類似したものが分布しており、沖縄がその北端である。

—
P.174
スミスエントツアツブタガイ
スミス煙突厚蓋貝
Rhiostoma smithi

● 4cm ● タイなどの石灰岩地の森林内
▶ 陸にすむフタを持った仲間で、石灰質のフタを持ち、その名の通り煙突のような管を自ら作り出している。この管は呼吸に用いるとのこと。タイなどの石灰岩地に分布する。石灰質のフタは、石灰岩地にいるために生じたものではない。一方で、石灰岩地では、この貝のように巻きがほどけるなど変わった形のカタツムリが多く見られる。また、フタを持ったカタツムリには、ムシオイガイ類など、エントツのような呼吸のための部分を作りだしたものが他にも存在する。

ミミズガイ科
Siliquariidae

—
P.183
ムラサキコケミミズガイ
紫苔蚯蚓貝
Tenagodus armata

● 4cm ● 暖温帯〜熱帯の西北太平洋の水深100m付近
▶ 不規則に巻いた管状の殻をミミズに例え、殻表の小突起をコケとみなした名。この仲間はカイメンの中に集合して生息している。ただ、カイメンを摂食しているわけではなく、繊毛によって水流を起こし、浮遊物を集めて餌としている。管の上部が溝状に開いてる。他にも岩に付着し、不規則に巻く仲間に、ヘビガイ、ムカデガイなどがある。
● 別名：ムラサキミミズ

オカタマキビ科
Pomatiidae

—
P.270
ヒダヤマタマキビ
襞山玉黍
Acroptychia metableta

● 4cm ● マダガスカルの森林内
▶ 円錐形をしたフタを持つカタツムリで、マダガスカルにだけ生息する。オカタマキビ類でも多くの種は、成貝になると殻口が反り返り、螺線方向への成長を止める。こうした成長様式と異なり、この貝では規則的な「反り返り」をいくつも形成する。

―
P.262
ワダチヤマタニシ
轍山田螺
Tropidophora cuvieriana

- 8cm ● マダガスカルの森林内
▶ 2本の竜骨状の尖った螺肋を持つ大型のカタツムリ。ある本では「世界的名貝のひとつ」とまで書かれており、貝類収集家のセンスがわかる貝。マダガスカルはアイアイなどの哺乳類でも著名であるが、カタツムリでも他の地域で見られない固有のものがほとんどで、このオカタマキビ科の種も多数に種分化している。
● 別名：ワダチヤマタマキビ、カドバリヒロクチヤマタマキビ

タマキビ科
Littorinidae

―
P.202
イロタマキビ
色玉黍
Littoraria pallescens

● 15mm ● 熱帯のインド洋－西太平洋のマングローブ林の葉上
▶ 色彩変異だけでなく、殻表面の肋の強弱も変化に富むタマキビ類で、マングローブ林で比較的多く見られる。沖縄のマングローブ林には、同属の3種が生息しているが、それぞれの種は葉の上、幹、開けた岩礁などにすみわけている。国外では1ヵ所で、より多くの種が見られるようである。

―
P.144
イガタマキビ
毬玉黍
Tectarius coronatus

● 3cm ● 熱帯の西太平洋の潮上帯岩礁
▶ 磯の巻貝の優占種であるタマキビ類の世界最大種。殻表の尖った顆粒をイガに例えたもの。基本的には満潮でも水中にならない潮上帯に生息する。日本にも少ないながら生息が認められている。

スイショウガイ(ソデガイ)科
Strombidae

―
P.176
ルンバソデガイ
ルンバ袖貝
Strombus gallus

● 13cm ● 熱帯～亜熱帯の西大西洋の浅海砂底
▶ この仲間の袖貝という名は、殻口外唇部が外へ張り出すことによる。この種は、さらに外唇上部が管状になっており、ルンバを踊っているように見えるところからうまく名付けられている。この科の貝は熱帯性のものであり、この種を含めアメリカの東西両岸には15cmを越える大型種が分布している。

―
P.120
ピンクガイ
ピンク貝
Strombus gigas

● 20cm ● 西インド諸島周辺の浅海砂底
▶ 名前は殻口のピンク色から由来することは一目瞭然。上面から見ると強い棘が見事である。軟体部は食用として好まれ、コンクステーキの名で知られる。また、時にこの貝からピンク色の「真珠」が得られ、コンクパールとして知られる。コンクは英名のconchで、この貝やこの科の種の名称である。捕獲によって減少しており、輸入が制限されるワシントン条約の対象貝ともなっている。地球温暖化によって減少しているという報道もあったが、それは考えにくいように思われる。

―
P.20
ゴホウラ
護宝螺
Strombus latissimus

● 15cm ● 熱帯の西太平洋の浅海砂底
▶ 護るは、弥生時代などに権力者達が貝輪として身に着けていたことに由来するように思われる。同様な例として、縄文時代を中心に貝輪として用いられた二枚貝のタマキガイ（環貝＝手巻き貝）がある。

―
P.246
ピルスブリーサソリ
ピルスブリー蠍［貝］
Lambis crocata pilsbryi

● 20cm ● ポリネシアのマルキーズ（マルケサス）諸島の浅海砂底
▶ 長い棘をサソリに見立てたサソリガイがあり、この種はインド－西太平洋に広く分布するが、分布の東端のマルキーズ諸島では棘がより長くなり、別亜種とされている。ピルスブリーは20世紀前半に世界中の貝を極めて多数命名したアメリカの貝類学者。94歳と長命であった。日本の貝類学者でも黒田徳米先生は100歳まで長生きされた。著名な貝類学者は長寿の傾向があるのかもしれない。

―
P.247
フシデサソリ
節手蠍［貝］
Lambis scorpius

● 12cm ● 熱帯の西太平洋の浅海
▶ 同じく棘をサソリに見立てたもので、棘の一部に瘤（こぶ）があることから「節のある手」と表現されている。また、サソリガイとの違いは、殻口がサソリガイでは赤く、スジがないのに対し、フシデサソリでは濃い紫で、多くのスジがある点である。

―
P.244
ムカデソデガイ
百足袖貝
Lambis millepeda

● 10cm ● 熱帯の西太平洋の浅海
▶ 多数の棘をムカデ（百足）になぞらえて名付けられている。殻口はフシデサソリと同様だが、棘の感じが違うのはわかってもらえるだろう。棘のある殻口外唇部（袖）の下端が割れたように窪んでいる。この部分は、眼を出すための窪みなのである。見た感じは立派な目なのだが、これだけ大きく棘で防御した貝に、どれだけの外敵がいて、またその外敵を「見る」ことで防げるかはわからない（子供の時には有効かもしれないが、子供の時にはこの窪みはない）。岩などからはがれた海藻などを食べている。

—
p.162
スイジガイ
水字貝
Harpago chiragra

● 25cm ● 熱帯～亜熱帯のインド洋－西太平洋の浅海砂底
▶この貝を背中側からみると、漢字の「水」の字のように6本の棘が出ていることから名付けられた。メスの方が大きい性的二型を示すが、差異はそれほど明確でもない。水に因んで火除けのため、あるいは棘が魔除けということで、屋外に吊るされることもある。

クマサカガイ科
Xenophoridae

—
p.166
カジトリグルマ
舵取車[貝]
Stellaria solaris

● 8cm ● 熱帯のインド洋－西太平洋の水深50m付近の砂泥底
▶船の舵の形を連想しての名前。クマサカガイの仲間だが、殻の周辺に物を付けることはなく、棘を生やしている。この棘は、捕食されにくくするためや、殻を海底面で安定させるためだという説明もされている。

—
p.172
クマサカガイ
熊坂貝
Xenophora pallidula

● 7cm ● 暖温帯～熱帯の西太平洋の水深200m付近の砂泥底
▶貝殻の縁や表面に他の死んだ貝や石などを付けており、伝説的な盗賊の熊坂長範が七つ道具を背負った状況に因んで名付けられた。殻の表面に普段得ることのできない小型の貝を付けていることも多い。棘と同様、捕食者に対する対応とも考えられている。手もない貝がどのようにして、二枚貝を裏返して殻に付けているのか(頭部と腹部を使うのだろうが)、付けたものが固着するまでの間、まったく動かないのだろうなど、不思議なことは多い。

ウミウサギ科
Ovulidae

—
p.68
ウミウサギ
海兎[貝]
Ovula ovum

● 7cm ● 熱帯～亜熱帯のインド洋－西太平洋の浅海岩礁
▶白い色と、丸いイメージから名付けられた。生きている時はタカラガイと同様に外套膜で殻を覆っているのだが、この外套膜は真っ黒で、白の小斑が散る。また幼貝の外套膜は、薄い黒地に青で縁どられた黄色の目玉模様を持った突起があり、成貝とはまったく異なってウミウシのように見える。ウミキノコと呼ばれるサンゴの仲間の上にすみ、その体を食べる。

—
p.70
ヒガイ
杼貝
Volva habei

● 8cm ● 暖温帯～熱帯の北西太平洋と南西インド洋の浅海－水深100m付近の砂泥・砂礫底
▶機織機に使う道具の杼(ひ=シャトル)に、その形が似ていることから名付けられた。タカラガイに近いこの仲間には、木の枝のようなヤギ(サンゴに近い動物)の上にすんでいることから殻が上下に伸びた形のものがあり、ヒガイもそのひとつである。軟体は薄茶色に乳白色の乳頭状突起を多数持ちカラフル。学名は波部忠重先生に因んで、大山桂先生が付けられた。

—
p.72
カフスボタン
カフス釦[貝]
Cyphoma gibbosum

● 3cm ● 熱帯～亜熱帯の西大西洋の浅海岩礁
▶ワイシャツなどの袖口を留めるカフスボタンに因んでいるものの、今となっては、どのように似ているのかイメージしにくい。この科の他の仲間と同様、ヤギの上に生息する。外套膜は、淡褐色の縁どりされた不規則な円形で、突起を持たず、かなり異様な感じがする。極めて安価で販売されており、西太平洋の本科の種ではイメージできないほど、高密度に生息しているように思われる。

—
p.206
アヤメケボリ
文目(菖蒲)毛彫[宝貝]
Primovula trailli

● 10mm ● 暖温帯～熱帯の浅海岩礁
▶本書写真の標本は濃い赤色のフィリピン産の個体だが、最初に名付けられた日本のものでは紫系の色彩のものが多いため(さらに打上げられ、色落ちしていた可能性も高い)、花のアヤメの紫に因んでいる。毛彫りは、殻の表面に「毛ほど」の細い溝があることから。この仲間はサンゴに近い動物のヤギの上に生息し、生時の外套膜はヤギと同様であるものが多い。そして、ヤギを摂食する。
● 別名：チシオコボレバケボリ、チシオケボリ

タカラガイ科
Cypraeidae

—
p.58
ホシダカラ
星宝[貝]
Cypraea tigris

● 9cm ● 熱帯～亜熱帯のインド洋－西太平洋の浅海砂礫底
▶黒い小斑を星に見立てた名。タカラガイは成貝になると、螺旋方向への成長を停止し、外唇を厚くし、殻頂を覆い、球形となる。そのため大きさの比較が行いやすく、分布域の北ほど大きくなるという地理的勾配が知られている。一方で、同じ群内や隣接した群間でも、かなり大きさに変化のあることもわかっている。

—
p.56
ハチジョウダカラ
八丈宝[貝]
Cypraea mauritiana

● 8cm ● 熱帯～亜熱帯のインド洋－西太平洋の潮間帯の岩礁
▶ホシダカラ(p.58)と並んで著名なタカラガイで、産地の八丈島に因む。他のタカラガイと異なり、基質表面が平滑な波当たりの強い潮間帯に生息

する。そのため、波にさらされないように腹面は平坦、つまり接地面が広くなっている。かぐや姫の話にも出てくる「子安貝」は本種とされることも多いが、大型のタカラガイくらいの意味で、特定の種を指しているものではないと思われる。

P.54
ナンヨウダカラ
南洋宝［貝］
Cypraea aurantium

● 9cm ● 熱帯の西太平洋の水深20m付近の岩礁
▶ 昔から有名なタカラガイで、太平洋諸島が産地であったことから、この名がある。橙色の単色だが、この色は徐々に色褪せる。地域によっては、かなり濃い赤色のものもある。30年くらい前から、それまで記録のなかった沖縄でも確認され始めた。ダイビングの普及によるのであろうが、もしかすると分布拡大を見ているのかもしれない。
● 別名：コガネダカラ

P.63
オトメダカラ
乙女宝［貝］
Cypraea hirasei

● 6cm ● 亜熱帯〜熱帯の西太平洋の水深100m付近の砂泥底
▶ 最初の標本を少女が持っていたことに因む。他の貝ではオトメを「可憐な」という意味で使う。市井の貝類研究者、吉良哲明氏が1959年の図鑑の巻頭で、稀少の深海性の大型種3種（オトメダカラ、ニッポンダカラ、テラマチダカラ）を図示して「日本三名宝」と名付けられ、収集家の憧れとなった。解説者の趣味では、三名宝のうち、オトメダカラが最も好みである。

P.64
ニッポンダカラ
日本宝［貝］
Cypraea langfordi

● 5cm ● 亜熱帯〜熱帯の西太平洋の水深100m付近の岩礫底
▶ 嬉しい名前の付いているタカラガイ。ただ、日本にのみ分布するわけではなく、現在ではオーストラリアでも確認されている。殻の両側面の濃い

橙色が特徴的。日本三名宝の中で最も浅い水深に生息し、ダイビングでも観察されているようである。

P.65
テラマチダカラ
寺町宝［貝］
Cypraea teramachii

● 6cm ● 亜熱帯〜熱帯の北西太平洋の水深200m付近の砂泥底
▶ 戦後の日本を代表する貝類収集家の寺町昭文氏に献名されている。戦後の進駐軍関係者が、この貝と外車1台との交換を希望したという逸話があるほどの稀少種。現在ではフィリピンでの採集品が増えたものの、未だにかなり珍しい。特に日本のものは、低い水温でゆっくりと成長するためか、重厚感がある。

P.60
シンセイダカラ
神聖宝［貝］
Cypraea valentia

● 9cm ● 熱帯の南西太平洋の水深数十m
▶ 日本三名宝になぞらえて世界三名宝が考えられ、そのひとつ。やはり過去には極めて珍しく、1976年に日本で3個目の個体を90万円で鳥羽水族館が購入したとの記事がある。この個体は、日本人ダイバーがフィリピンでハタ（魚）の胃の中から得たもの。殻はかなり軽い。

P.62
オウサマダカラ
王様宝［貝］
Cypraea leucodon

● 8cm ● 熱帯の西太平洋（フィリピン周辺）の水深数十m
▶ 世界三名宝のひとつ。貝ではオオサマダカラと表記されるが、王様に因むので、現代かなづかいでは「オウサマ」となる。強く刻まれた歯が特徴的。過去には極めて珍しかったが、現在ではかなり多くなっている。フィリピンでは、高価だったこの貝の模造品が作られることもあった。

P.61
サラサダカラ
更紗宝［貝］
Cypraea broderipii

● 8cm ● 亜熱帯〜熱帯の南西インド洋の水深数十m
▶ 更紗模様のタカラガイ。この種も珍しく、世界三名宝のひとつ。聞くところによると、この種が現在では最も入手しにくいのではないかとの話である。腹面の歯が紫色に染まるところが特徴。

P.59
リュウグウダカラ
竜宮宝［貝］
Cypraea fultoni

● 6cm ● 南アフリカの水深100m付近
▶ やはり魚の胃の中から得られたという標本がある。ある標本では、背面中央にそれらしい魚の歯型の小さな円形の穴が開いている。「竜宮」は竜宮城をイメージした名で、貝類では水深100m−300m付近の深海に生息する種に付けることが多い。貴重で美しいタカラガイを「世界三名宝」「日本三名宝」と称するが、世界五名宝まで拡大する人もあり、その場合の1種である（残りはオーストラリアのウスアカネダカラ）。

シラタマガイ科
Triviidae

P.66
メキシコバライロボタン
メキシコ薔薇色釦［貝］
Pseudopusula sanguinea

● 12mm ● 熱帯〜亜熱帯の東太平洋の浅海岩礁
▶ 濃いブドウ色の種で、メキシコなどに分布することから名付けられている。表面の筋の凹凸が密で強く、印象的である。

P.66
バライロボタンガイ
薔薇色釦貝
Triviella rubra

● 2.5cm ● 南アフリカの浅海
▶ 日本にも分布するシラタマガイ（白玉貝）の仲間。日本のものの大部分は白色だが、赤紫色の色彩と形状か

ら、この名が付けられている。

—
P.67
スジバライロボタン
筋薔薇色釦［貝］
Triviella aperta

- 2.5cm ● 南アフリカの浅海
▶南アフリカには、この種やバライロボタンガイなどの大型のシラタマガイ類が分布する。興味深いことに、同じ海域ではタカラガイ類も、大きさ、形状がバライロボタンガイ類に似て、殻口の広い一群（オウナダカラなど）が分布する。
- 別名：バライロスジボタンシラタマガイ

タマガイ科
Naticidae

—
P.140
メキシコタマガイ
メキシコ玉貝
Natica chemnitzi

- 2cm ● 熱帯の東太平洋の浅海砂泥底
▶タマガイの仲間は、ツメタガイでよく知られているように、二枚貝などに穴を開けて捕食する。巻貝を襲う場合もある。多くは球形をしており、砂に潜り、軟体で殻を覆っているので表面には光沢があり、突起などはない。色彩は種によっておおよそ決まっているが、この種では多少変化に富む。

—
P.143
アラビアミソラタマガイ
アラビア美空玉貝
Natica cincta

- 12mm ● オマーンのアラビア海沿岸の浅海砂底
▶小型のタマガイで、やはり大小のマダラ模様が筋状に並んでいる。殻の下側の穴の部分は、臍孔（さいこう）といい、タマガイ類の分類をするときに重要な特徴のひとつである。

—
P.142
ハナヨメタマガイ
花嫁玉貝
Natica fanel

- 15mm ● 南東大西洋の浅海砂底
▶小型のタマガイ類で、大小の褐色斑を持つ。タマガイのフタには、堅い石灰質のものと膜状の革質のものがある。この属は石灰質のフタを持っている。

—
P.188
ニシノツツミガイ
西の包貝
Sinum bifasciatus

- 2.5cm ● 南東大西洋の浅海砂底
▶タマガイの仲間だが、殻口を大きくして、殻が薄くなった一群。広がった形から「包み」の名があり、アフリカに分布することから「西の」の名が付けられた。同じ仲間には、フクロガイ（袋貝）、ヒメミミガイ（姫耳貝、耳の形をしているところから）などの名前の種がある。

ビワガイ科
Ficidae

—
P.110
ビワガイ
琵琶貝
Ficus subintermedia

- 8cm ● 暖温帯～熱帯のインド洋－西太平洋の浅海砂泥底
▶形から、楽器の琵琶を連想して名付けられたと思われる。属名の *Ficus* はイチジクの意味で、近似種にイチジクガイがある。この仲間では、メスが膨らむという性的二型や、外敵に襲われると外套膜を自ら切って逃げる自切が知られている。日本では房総半島・日本海西部以南に分布し、以前はよく海岸に打ち上げられていたが、近年数が減っている。

—
P.111
オオビワガイ
大琵琶貝
Ficus gracilis

- 12cm ● 亜熱帯～熱帯の北西太平洋の水深200m付近の砂泥底
▶ビワガイより大型になり、深海に生息するので、見かけることは少ない。この仲間は、西太平洋－インド洋と西大西洋の熱帯～亜熱帯域にのみ分布し、ほとんどすべて同じ形をしており、種数も少ない。

フジツガイ科
Ranellidae

—
P.134
ジュセイラ
寿星螺
Cymatium hepaticum

- 4cm ● 熱帯～亜熱帯のインド洋－西太平洋の浅海岩礁
▶淡い褐色と白色に、濃い褐色の筋が明らかな美しい貝。寿星は星座の竜骨座の主星カノープスの中国名であり、これを祀って福寿を祈るとあるので、和名はこのあたりのおめでたいことに因んでいるように思われる。『原色日本貝類図鑑』の著者、吉良哲明氏が好まれ、ショウジョウラ、バンザイラと共に三美螺とされた。寿聖螺と表記される例もある。

—
P.135
ショウジョウラ
猩々螺
Cymatium rubeculum

- 3cm ● 熱帯のインド洋－西太平洋の浅海岩礁
▶三美螺のひとつで、猩々は、ショウジョウガイ（p.180）と同様に赤いところから由来している。ジュセイラに次いで多く生息し、それほど珍しくない。

—
P.135
バンザイラ
万歳螺
Cymatium flaveolum

- 3cm ● 熱帯の西太平洋の浅海岩礁
▶万歳の由来はわからなかったが、三美螺にするために語呂がよいバンザイを付けられたように想像する。3種の中で最も少なく、採集するには幸運に恵まれるか、頻繁に採集に出かけるしかない。
- 別名：ソメワケボラ

—
P.116
インドフジツ
インド藤津［貝］
Cymatium perryi

- 10cm ● インド南部とスリランカの浅海岩礁
▶大型で厚質の殻を持つ仲間で、フ

ジツの由来はわからなかった。日本にも分布するフジツガイは、殻口縁は白色で、上部に黒い斑紋を持つ。インドフジツでは、殻口は鮮やかな肉色で、黒色斑がない。

―

P.114
ホラガイ
法螺貝
Charonia tritons

● 35cm ● 熱帯〜亜熱帯のインド洋－西太平洋の浅海岩礁

▶ 山伏の法螺で有名な巻貝で、日本で最も大きくなる貝でもある。主に大型の巻貝には、法螺貝に因んで、〇〇ボラの名が付けられており、このボラやバイ、ニナ、ニシが付く場合、これらがすでに貝を表しているということで和名に重ねて「カイ」を付けることはしない。ホラガイはヒトデ類を摂食する。

ヤツシロガイ科
Tonnidae

―

P.145
スクミウズラ
竦み鶉［貝］
Tonna cepa

● 8cm ● 熱帯〜亜熱帯のインド洋－西太平洋の浅海砂底

▶ 近い仲間に鳥のウズラの模様と形に似たウズラガイがあり、その種より膨らみ、巻いている部分が折れ込んでいるので、この和名となった。夜行性で、殻の外側に大きな体を出して這う。ウズラガイでは、ナマコ類を「すする」ようにして摂食する写真がよくインターネット上に掲載されている。

トウカムリ科
Cassidae

―

P.40
オヤヅル
親鶴［貝］
Cassis fimbriata

● 7cm ● オーストラリア南部の浅海

▶ 同じ科にヒナヅル（雛鶴）という貝があり、それより少し大きいので、親鶴になったと思われる。図示した結節を持つタイプをククリオヤヅルと呼ぶが、現在までのところ、平滑なオヤヅルと別種という見解はないようである。同じ属のトウカムリはウニ類を餌としている。

イトカケガイ科
Epitoniidae

―

P.48
オオイトカケ
大糸掛［貝］
Epitonium scalare

● 6cm ● 暖温帯〜熱帯のインド洋－西太平洋の水深50m付近の砂底

▶ 巻貝では殻表の縦筋を「糸を掛けた」と表現することから、イトカケの名がある。オオイトカケは、この仲間の中でも大きく、肋が明瞭で「良い貝」である。学名の基礎を作ったスウェーデンのリネーにより1758年に記載された。つまり、この頃にはヨーロッパで知られていたわけである。現在では台湾で得られた標本が出回り、数百円で購入できるが、過去は世界的にも珍しく、19世紀中頃には、中国でこの貝の模造品が作られていたという逸話は有名。ただ、この模造品の現物はまず知られていないようである。

アサガオガイ科
Janthinindae

―

P.208
アサガオガイ
朝顔貝
Janthina janthina

● 3cm ● 熱帯〜温帯の海面表層で浮遊生活

▶ 淡い殻の色を、アサガオの花に例えた名前。貝自らが粘液で気泡の「浮き」を作り、殻頂を下にして海面で浮遊生活を行っている。ギンカクラゲなどの同じ浮遊生物を摂食する。表層を浮遊する動物の多くは、アサガオガイと同様な淡い青系の色彩を持っており、海上、海中両方からの捕食者から見えにくくしている。ただし同じ科のヒルガオガイは褐色の殻である。

―

P.207
ルリガイ
瑠璃貝
Janthina prolongata

● 3.5cm ● 熱帯〜温帯の海面表層で浮遊生活

▶ 和名は瑠璃色から。アサガオガイと同じ科で同様な生活を送っている。日本に打上げられるのはアサガオガイの方が多く、ルリガイは時にまとまって海岸に打上げられることがある。

アッキガイ科
Muricidae

―

P.126
テングガイ
天狗貝
Chicoreus ramosus

● 20cm ● 熱帯〜亜熱帯のインド洋－西太平洋の浅海岩礁

▶ 伸びた水管を、天狗の鼻に見立てた名のように思われる。餌として、ウミギク類を摂食した例が知られている。珍しい貝ではないが、土産物としての需要以外は食用としてもあまり利用されないようである。ただ、スリランカでは、割られたテングガイからなる現代の貝塚を見つけた。確証はないが、フタを香料に使うために集められたものではないかと想像している。

―

P.156
クレナイセンジュガイ
紅千手貝
Chicoreus nobilis

● 3.5cm ● 熱帯の西太平洋（フィリピン）の水深50m付近の岩礁底

▶ 千手観音の手のように多くの棘を持つことから、センジュガイの和名が生まれ、センジュガイに似て、紅色であることから名付けられた。日本に分布するコセンジュガイに似るが、棘の先が広がり、殻に透明感がない別種である。おそらく本種は日本に分布しないように思われる。

―

P.248
トナカイイチョウ
トナカイ銀杏［貝］
Homalocantha zamboi

● 4cm ● 熱帯の西太平洋の浅海岩礁

▶ 棘の先が銀杏の葉のように広がるイチョウガイに似ているが、棘が細く、殻口外縁に小棘を欠くことが異なっている。細い棘をトナカイの角に見立て

た名。イチョウガイでは、白色の個体の他、紅色、黄色に染まる個体もあるが、この種は陶白色のものばかりのようである。この種は八重山諸島でも磯採集で採集されているが、もし得ることができれば幸運といえよう。

—
P.122
ヒイラギガイ
柊貝
Poirieria zerandicus

● 6cm ● ニュージーランドの水深数十m
▶ 鋭い棘が植物のヒイラギの葉を連想するところから名付けられたと思われる。ニュージーランドでは、比較的普通にすむとされる。アッキガイ科の体内にある鰓下腺（さいかせん）からの半透明な分泌物を日光に当てると、紫色になり、これを集めたものが染料となる。染められたものは「貝紫」と呼ばれ、古くからローマなどで珍重されてきた。アッキガイ科は世界中に広く分布するものの、貝紫を用いるのは地中海、日本、ペルーのみのようである。

—
P.26
ガラパゴスカセン
ガラパゴス花仙［貝］
Babelomurex santacruzensis

● 3.5cm ● 東太平洋（ガラパゴス諸島）の水深150m付近
▶ 白色半透明で、繊細な彫刻を持つ仲間。「花中神仙」を略して花仙貝とされるが、本来は「華鮮」だったともいわれる。その美しさと稀少性から、カセンガイ類は収集家の間で人気のグループである。特にこの種は、ガラパゴス諸島の深海にすんでおり、入手しづらい種のひとつである。この仲間には、テンニョノカムリ（天女の冠）という優雅な名の種もある。

—
P.22
ミズスイ
水吸
Latiaxis mawae

● 4cm ● 暖温帯〜亜熱帯の東アジアの水深100m付近
▶ この仲間はサンゴなどの刺胞動物に付いて生活しており、その組織（ポリプ）を摂食するとされるが、造礁サンゴ上に生活するグループでも定住している貝の周辺の組織だけでなく、アッキガイ科のシロレイシダマシ類のように組織を直接には摂食しないのかもしれない。ミズスイは比較的多いものの、活発に移動するとは思えず、どのような動物に、どのようにして付いているのか、報告はないようである。また、名前の由来を明らかにできなかった。

—
P.32
カブラガイ
蕪貝
Rapa rapa

● 6cm ● 熱帯〜亜熱帯の西太平洋の浅海岩礁
▶ 色と形が野菜のカブ（カブラ）に似ているところから名付けられた。ウミキノコ類というイソギンチャクに近い動物の、海底に固着する部分の内部にすんでいる。そのため、這って移動することはなく、ウミキノコ類の組織を摂食することはできないように思われ、何を餌にしているのか不思議である。

オニコブシ科
Turbinellidae

—
P.42
イトグルマ
糸車［貝］
Columbarium pagoda

● 6cm ● 暖温帯〜亜熱帯の東アジアの水深100m付近の砂礫底
▶ イトグルマの和名は、江戸時代の貝類図鑑『目八譜』で、「紡車介（つむがいと発音か）」となっている。また紡車と糸車は同じという見解もあり、カタカナ表記の際にイトグルマとなったようである。長い水管を持つ変わった形の貝である。いくつかの図鑑には、普通とされるが、深い海にすんでいるので、打上げられることはなく、自らの手で採集できる機会はほとんどない。この仲間は主に亜熱帯の深海に30種程度が知られているが、周縁の棘が異なるものの、殻の外形はおよそ類似している。

—
P.112
シャンクガイ
シャンク貝
Turbinella pyrum

● 12cm ● インド南部とスリランカの浅海砂泥底
▶ 「聖なる貝」を意味するサンスクリット語由来の英語からシャンクガイと名付けられ、インドおよびその文化圏では、今も信仰からお土産までこの貝が珍重されている。一例として、仏画の頭頂部に白い渦巻が描かれたものがあるが、これはシャンクガイを意味していると思われる。また、山伏などの法螺貝は、弘法大師が唐から持ち帰ったシャンクガイの法螺（白螺貝／白法螺）に起源を持つともいう。生時には厚い殻皮を持ち、殻も極めて厚質。スリランカの漁港で本種を多く見つけたが、重くて飛行機の重量制限を考えると数個しか持ち帰れなかった。

エゾバイ科
Buccinidae

—
P.38
ネジヌキエゾボラ
螺旋抜き蝦夷法螺
Neptunea tabulata

● 8cm ● 寒帯〜温帯の東太平洋の水深200m付近
▶ ネジヌキは、ねじを抜く工具に由来する貝の名のようで、殻の巻いているところに強い段差を持つ貝の和名でもある。一方で、茶器でいう「環状の突帯を持つ捻貫（ねじぬき）」からの連想という可能性もある。漢字表記の螺旋抜は初期表記の伝承。ネジヌキの名を持つ貝に因んで段差のある種に用いられており、本種もその一例である。日本の多くのエゾボラ類と異なり、殻はかなり厚質である。

—
P.106
ネジヌキバイ
螺旋抜き貝
Japelion hirasei

● 12cm ● 寒帯〜冷温帯の東北太平洋の水深200m付近
▶ ネジヌキエゾボラ（p.38）と同様に、巻いているところに段差があることによる名。同じ海域に生息するネジボラも、ほとんど形は変わらないが、ネジボラでは水管が伸びる。属名は日本に因んでおり、種小名の *hirasei* は明治時代に日本の貝を欧米科学的に集めた平瀬與一郎に献名されている。

P.36
スクミボラ
竦み法螺
Buccipagoda kengrahami

● 7cm ● オーストラリア（タスマニア島）の水深200m付近
▶ 白色半透明で、細かな螺状肋を持ち、巻いているところが折れ込むという見事な造形の貝である。しかし分布域が限られ、深海に生息する極めて稀な貝であることから、標本が流通せず、あまりコレクターの話題にものぼらないようである。

イトマキボラ科
Fasciolariidae

P.44
シマツノグチ
縞角口［貝］
Opeatostoma pseudodon

● 4cm ● 亜熱帯〜温帯の東南太平洋の潮下帯岩礁
▶ 殻口外唇に尖った部分を持っており、アッキガイ科のヒレガイなどでは他の貝類を捕食するのに尖った部分を用いる。しかしこの貝では、そうした捕食方法の記述を見つけることができなかった（ネットでは、この貝が雑食者と書かれていたが、本当だろうか？）。生時には殻皮に覆われている。

P.50
ホソニシ
細［辛］螺
Fusinus colus

● 10cm ● 熱帯のインド洋-西太平洋の浅海砂底
▶「ニシ」は「螺」の読みで、巻貝を意味する。ただ、貝類学では、慣習として新腹足類の大型種には「辛螺」とニシと読ませている。アッキガイ科の種などは、食べると苦いので、この漢字が用いられたのであろう。細いニシで、わかりやすい。瀬戸内海などでは、この仲間を「よなき（夜泣き）」と呼び、その味はテングニシよりはるかに美味しいという記述もある。ただ、ホソニシ類を食用として珍重している地域を聞くことはほとんどない。

テングニシ（カンムリボラ）科
Melongenidae

P.104
ダルマカンムリボラ
達磨冠法螺
Melongena melongena

● 12cm ● 熱帯の西大西洋（西インド諸島）の潮間帯汽水域泥底
▶ 肩に棘の発達したカンムリボラがあり、より膨れていることから、ダルマとされたようである。この仲間では、肉食か時に腐肉食が観察されている。また普通に生息するようである。日本や東南アジアの汽水域の潮間帯泥底にこのような大形巻貝は見られず、この種を含む生態系との違いは面白い研究テーマになるかもしれない。

P.102
オオカンムリボラ
大冠法螺
Melongena patula

● 15cm ● 熱帯の東太平洋の潮間帯汽水域泥底
▶ ダルマカンムリボラの太平洋側の姉妹種。両種の分布域を分けるパナマ地峡が約300万年前に形成され、海域が分断されたたので種も分かれたわけである。同じ「冠」の語に対して、古い時代に名 付けられたものは「カムリ」とされている（例えばトウカムリやテンニョウカムリ）が、新しいものは「カンムリ」を慣例として用いている。

P.108
サカマキボラ
逆巻法螺
Busycon contrarium

● 25cm ● 亜熱帯〜暖温帯の北西大西洋の浅海砂底
▶ 大多数の海産巻貝は右巻きであるのに対し、この種は左巻きなので、サカマキとされる。陸産貝類も右巻きが多いものの、海産よりも左巻きの割合は高い。因みに、右巻きは殻頂側から見て時計方向に成長していくものである。英語のwhelkは特定の種というより、中・大型の巻貝を指すようだが、アメリカではこの仲間を指すことが多いようである。

ミノムシガイ（ツクシガイ）科
Costellariidae

P.146
ミサカエミノムシ
御栄蓑虫［貝］
Vexillum citrium

● 6cm ● 熱帯の西太平洋の浅海砂底
▶ 貝の和名には、ミヒカリ（御光）とミサカエ（御栄）の名を冠する美麗種がある。しかし、ミヒカリ、ミサカエとも国語辞典に出ていない語である。日本の貝類学を構築された黒田徳米先生がこれらの和名を与えられ、代々貝類研究者に用いられてきたように思われる。本書写真の灰色がかった個体は、時にシメナワミノムシとされる種かもしれないが、ここではミサカエミノムシに含めた。

P.146
ハデミノムシ
派手蓑虫［貝］
Vexillum compressum

● 5cm ● 熱帯の西太平洋の浅海砂底
▶ ミサカエミノムシに似ているが、やや小型で細く、殻表に光沢を持つ別種である。熱帯では、このようなカラフルな種類が多いが、その理由に対するうまい説明はないようである。

P.146
カゴメミノムシ
篭目蓑虫［貝］
Vexillum dennisoni

● 5cm ● 熱帯の西太平洋の浅海砂底
▶ この仲間は変異が大きく、研究者により同定に相違がある。図版（p. 146〜147）のミノムシ類は、カノコミノムシを除き、かなり少ない種であり、多分日本には分布していない。
● 別名：デニスンミノムシ、テイラーミノムシ

P.146
カノコミノムシ
鹿の子蓑虫［貝］
Vexillum sanguisugum

● 4cm ● 熱帯のインド洋-西太平洋の浅海砂底
▶ カノコは、小鹿のように褐色に白い

斑点を有する鹿の子斑の略だが、貝類ではもう少し広く、きれいなマダラ模様を意味するようである。この種の赤い斑点から名付けられているが、斑紋などは様々に変化する。
●別名：カノコシボリミノムシ

ショッコウラ科
Harpidae

—
p.132
バライロショッコウラ
薔薇色蜀江螺
Harpa doris

● 6cm ● 熱帯～亜熱帯の東大西洋の浅海砂底
▶この仲間はショクコウラとも表記されるが、「ショッコウ」は、中国の蜀江（河川名しょっこう：四川省）の水でさらした糸で織った錦が「蜀江の錦」と呼ばれ、日本の錦にも転用されたもの。美しい織物に因んで名付けられている。江戸期には「蜀紅螺」の字が当てられている書もある。バライロは殻が赤いところから。稀少種のひとつである。

—
p.128
ミサカエショッコウラ
御栄蜀江螺
Harpa costata

● 8cm ● 熱帯のインド洋（モーリシャス）の浅海砂底
▶この種は、インド洋のモーリシャスにのみ分布し、同じ仲間と異なり縦肋（じゅうろく）が多数存在する。隔離された場所で肋数を変化させることができた例のようにも思われる。稀少で、コレクターの憧れの貝のひとつである。

—
p.130
コトショッコウラ
琴蜀江螺
Harpa articularis

● 8cm ● 熱帯の西太平洋の浅海砂底
▶琴の弦を連想しての名前であろうか。ショッコウラ類は、砂地に生息し、ややタカラガイのように外套膜で殻を覆うので、ニスを塗ったような光沢がある。また、這っている時に襲われると、トカゲと同じように、足の先を自ら切り落とすという自切（じせつ）行動を行う。

マクラガイ科
Olividae

—
p.236
セキトリマクラ
関取枕［貝］
Oliva bulbosa

● 4cm ● 熱帯～亜熱帯のインド洋の浅海砂底
▶殻が太いことから関取と名付けられている。マクラガイ類は主に熱帯の浅海に生息するが、他の仲間と異なり殻の形は変化に乏しい。夜行性の強い種も多いようで、肉食・腐肉食者である。殻に光沢を持つことから、世界各地の先史遺跡で装飾品に加工されている例が多いものの、温帯の日本ではほとんど利用されていない。

—
p.52
ニシキマクラ
錦枕［貝］
Oliva porphyria

● 8cm ● 熱帯の東太平洋の浅海砂泥底
▶マクラガイ類の最大種で、タガヤサンミナシ（p.81）のように明瞭な三角斑が美しいことから「錦」の名がある。この仲間は砂泥底に浅く潜っており、外套膜ではなく足が膜状になって殻を包むため、タカラガイのように「ニスを塗ったような光沢のある殻」を持つ。巻いている部分が溝になっており、ここに外套膜が存在し、殻が砂に潜っているかどうかを知るセンサーになっているといわれている。

ヒタチオビ(ガクフボラ)科
Volutidae

—
p.98
クレナイコオロギ
紅蟋蟀［法螺］
Cymbiola aulica

● 10cm ● フィリピン南部の浅海砂泥底
▶紅色の個体が著名で、その名が付いているが、色彩、肩の結節には変異がある。中型で重量感があり、また表面に光沢があり、派手すぎず、見事な貝だといえる。この仲間はフィリピンを中心に種分化しており、オーストラリアのクイーンズランド周辺には別亜属のハデサンゴコオロギのグループが多数分布する。残念なことに、沖縄など日本には見られない。

—
p.94
ブランデーガイ
ブランデー貝
Volutoconus bednalli

● 12cm ● 熱帯のオーストラリア北東部の浅海砂泥底
▶何故、このような模様になるのか不思議だが、個体によっても大きな変化はなく、近緑種にも同様な斑紋のものはない。ヒタチオビ科の種は収集家の間に人気のあるグループで、ボルタ（Voluta）として知られる。この貝は比較的珍しく、アラフラ海などで真珠採集のダイバーがブランデーと交換したという逸話に因んで名付けられた。

—
p.96
イナズマコオロギ
稲妻蟋蟀［法螺］
Cymbiola nobilis

● 12cm ● 東南アジアの浅海砂泥底
▶稲妻模様のあるコオロギ法螺。なぜ「コオロギ」なのかはわからなかった。殻頂部をよく見ると、ドーム状で大きなことがわかる。これは子供の時の殻で、卵の入った袋（卵嚢）の中で育ち、プランクトン生活を送らずに、幼貝として袋から出ることを示している。つまり、分布拡大能力が小さいわけである。そのため、ヒタチオビ科の種は各地で多くの仲間や種に分かれている。イナズマコオロギも地域ごとの変異が多い。なお、稲妻をイナズマとするのは多くの辞典類に従った。

—
p.160
ミヒカリコオロギ
御光蟋蟀［法螺］
Cymbiola imperialis

● 20cm ● フィリピン南部の浅海砂泥底
▶ミヒカリは、光のような放射彩を意味するのではなく、美麗という意味で用いられている。おそらく日本の貝類学の実質的な創始者、黒田徳米先生が用いられたことから、その後、他の貝でも格好良いものに名付けられている。この種は肩に多数の棘を持ち、学名では皇帝となっている。比較的色彩変異

が少ない。分布域は狭いのだが、かなり多く生息しているようである。

―

P.100
ツノヤシガイ
角椰子貝
Melo aethiopica

●25cm ●主にアラフラ海（ニューギニアとオーストラリアの間の海）の浅海砂泥底
▶ヤシの実の形をしていて、巻き始めの部分に棘（＝ツノ）を持つことで名付けられた。地域変異と思われる紅橙色などの個体もある。アラフラ海へは、戦前に多くの日本人が真珠貝（シロチョウガイ）採集の潜水士として出稼ぎに出ており、そのお土産として本種は日本へも多数もたらされていた。中国南部などでは同属のヤシガイ（ハルカゼ）が食用とされる。
●別名：ヤヨイハルカゼ

コロモガイ科
Cancellariidae

―

P.154
ラセンオリイレボラ
螺旋折入れ法螺
Trigonostoma scalare

▶●3cm ●熱帯～亜熱帯のインド洋－西太平洋の水深100m付近の砂礫底
「折入れ」とは中へ窪むことで、この仲間では窪んだり、平たくなっていることから名付けられた。この種では平坦な部分が幅広く、あたかも螺旋階段がイメージされたと思われる。学名は18世紀末に与えられており、この時代に水深100mに生息する稀少種が得られたとは思われないが、これまで新しい学名は与えられていないようである。

イモガイ科
Conidae

―

P.80
カスガイモ
春日芋[貝]
Conus dorreensis

●2.5cm ●オーストラリア西部の浅海
▶イモガイは円錐形をしており、生時には厚い褐色の殻皮を持つものもある。その形と色から、里芋をイメージして名付けられた。中には里芋の一種、きぬかつぎ（衣かつぎ）に因んだキヌカツギイモという種もある。カスガイモは、春日（山?）の若草の色に因んで名付けられたようであり、春日神社の吊り灯篭という説もある。いずれにしても、即座にはイメージしづらい。白帯を巡らす色彩に変化はほとんどないようである。

―

P.79
ナガシマイモ
長縞芋[貝]
Conus muriculatus

●3cm ●熱帯～亜熱帯の西太平洋の浅海
▶近似種にイボシマイモ（疣と縞を持つという意味）があり、それとの対比で長縞と名付けられたと思われる。水深数十m付近にも生息し、深いところの群はより紫がかる。近似種はゴカイなどの蠕虫食性種。

―

P.82
ヒメメノウイモ
姫瑪瑙芋[貝]
Conus achatinus

●4cm ●主にインド洋の浅海
▶あまり瑪瑙（めのう）の輝きがあるようには見えないが、類似のメノウイモ（striolatus）の方が少しは瑪瑙に近いようにも思える。一方、青灰色の本種も淡いマダラ模様があってきれいである。日本には分布していない可能性が高い。この仲間は魚食性種。

―

P.77
アカシマミナシ
赤縞身無[貝]
Conus generalis

●6cm ●熱帯～亜熱帯のインド洋－西太平洋の浅海
▶ミナシとは、殻口が狭いため「身（肉、軟体部）が少ないのではないか」という印象から名付けられたもの。アカシマは赤い縞のあることから。この貝の別名がロウソクイモなので、別な種はロウソクガイとなっている。
●別名：ロウソクイモ

―

P.85
テンジクイモ
天竺芋[貝]
Conus ammiralis

●6cm ●熱帯のインド洋－西太平洋の浅海
▶天竺とはインドのことで、以前は遠いところの例えとして「唐天竺」と記した。あまり国内では産しないところから名付けられたのかもしれない。

―

P.236
エンジイモ
臙脂芋[貝]
Conus coccineus

●3.5cm ●熱帯の西太平洋の浅海
▶赤褐色の色彩から名付けられた。特別な装備なしでも採集可能な水深にも生息し、比較的珍しいので、採集できると嬉しくなる貝。

―

P.81
タガヤサンミナシ
鉄刀木身無[貝]
Conus textile

●8cm ●熱帯～亜熱帯のインド洋－西太平洋の浅海
▶タガヤサンとは、東南アジアの家具などに利用される美しい木のことで、当然三角模様などはない。美しいことの例えとして、この名が付けられたのではと考えられている。古い本には、アンボイナと共に、この貝に刺されて人間が死亡した例があるとされているが、マウスへの毒性試験では死亡が確認できず、人間の死亡例も疑問視されている。貝食性種。

―

P.81
ツボイモ
壷芋[貝]
Conus aulicus

●10cm ●熱帯のインド洋－西太平洋の浅海
▶ツボには「壷」の漢字が当てられているが、イメージができない。貝食性種。

―

P.81
ウミノサカエイモ
海の栄芋[貝]
Conus gloriamaris

●10cm ●熱帯の西太平洋の水深数十m
▶過去には、最も高価な貝として「海の栄(=gloriamaris)」の名で知られていたが、現在ではフィリピンから多くの個体が採集され、数千円でも購入できるようになった。しかし、あまり他のイモガイ類では見られない巨大個体が存在する点では、未だ存在感ある種といえるのかもしれない。

―

P.87
ナンヨウクロミナシ
南洋黒身無［貝］
Conus marmoreus

●8cm ●熱帯のインド洋−西太平洋の浅海砂底
▶黒い地色に白い三角形の白斑が目立つ種。沖縄では海藻藻場で見られるものの、近年の減少が著しい種でもある。また写真のような大型個体は藻場では目にすることはなく、生物学的には何か面白いことがありそうだ。小型のイモガイなどの貝食性種。

―

P.84
ボタンユキミナシ
牡丹雪身無［貝］
Conus marchionatus

●4cm ●ポリネシアのマルキーズ（マルケサス）諸島の浅海
▶殻の大きめの白斑をぼたん雪になぞらえて名付けられたようである。ポリネシアの東端に近いマルキーズ諸島で種分化したものと思われる。水深20m付近の少し深い海底に生息する。

―

P.77
ミカドミナシ
帝身無［貝］
Conus imperialis

●7cm ●熱帯のインド洋−西太平洋の浅海
▶普通種な上に、斑紋もそれほど変わったものではないにもかかわらず、帝の名がある。種小名の *impeliaris* の直訳で、命名者（最終的には分類学の祖として有名なリネー）のヨーロッパ人が帝とした理由はわからなかった。ゴカイなどの蠕虫食性種。

―

P.85
イトカケイモ
糸掛芋［貝］
Conus zonatus

●6cm ●熱帯のインド洋東部の浅海
▶糸を巻き付けたような彫刻や模様に対して、イトカケ○○という和名の貝は多い。ただしイトカケの場合は縦方向（殻頂から殻底）の模様を指し、横方向（螺旋方向）の場合はイトマキとすることが多い。この貝では、おそらく褐色の細い線を「糸掛け」としたものと思われ、他と合わないようである。

―

P.77
ハルシャガイ
波斯貝
Conus tessulatus

●4cm ●亜熱帯〜熱帯のインド洋−西太平洋の浅海
▶ハルシャとはペルシャ（今のイラン）のことで、ペルシャの織物に殻の模様をなぞらえて名付けられた。イモガイ類の分布北限の房総半島でも得られる。紅色の斑紋はいかにも熱帯生物の感を受け、綺麗な個体を得ると嬉しくなる。一方、イモガイの多い沖縄では、ハルシャガイはあまり多くない。ゴカイなどの蠕虫食性種。

―

P.86
クロザメモドキ
黒雨擬
Conus eburneus

●4cm ●熱帯のインド洋−西太平洋の浅海
▶白い地色に大きめの黒斑を散らすことから、黒い雨で名付けられたと思う。ザメには鮫の漢字が当てられていることもあるが、鮫をイメージしにくい。黒雨なら、濁らずクロサメモドキとするのが普通であるが、慣用例を残してザメとした。ゴカイなどの蠕虫食性種。

―

P.87
アンボンクロザメ
アンボン黒雨
Conus litteratus

●10cm ●熱帯のインド洋−西太平洋の浅海

▶アンボンは、東インド会社の拠点のあったインドネシアのセラム島、アンボンに因む。この和名は江戸時代には付けられており、当時の情報網（長崎の出島経由であろう）と江戸のコレクターの熱意を表していよう。人が死亡するほどの猛毒を持つイモガイのアンボイナの名前も同じ由来。最初アンボンクロサメと表記されたが、クロサメモドキと同様に、慣用例のザメとしたい。ゴカイなどの蠕虫食性種。

―

P.87
クロフモドキ
黒斑擬
Conus leopardus

●12cm ●熱帯のインド洋−西太平洋の浅海
▶日本のイモガイ類で最も大形になる種のひとつ。アンボンクロサメと共に、弥生時代から古墳時代にかけて、沖縄産のものが九州などで貝製の腕輪（p.21）や馬具の飾りに珍重されていた。過去にアンボンクロサメに対してクロフイモの名が付けられ、それに似ていることからモドキとなっている。ゴカイなどの蠕虫食性種。

―

P.76
アヤメイモ
文目（菖蒲）芋［貝］
Conus purpurascens

●5cm ●熱帯〜亜熱帯の東太平洋の浅海
▶学名は、殻が紫色であることから名付けられたもの。日本では、その色をアヤメの花に例えている。普通種。

―

P.76
ニンジンイモ
人参芋［貝］
Conus daucus

●4cm ●西大西洋（カリブ海）
▶色と形から、ニンジンを連想して名付けられている。できれば名前にもうひとひねり欲しかった。しかし、決して多くはない種。

―

P.80
ロレンツイモ
ロレンツ芋［貝］
Conus sprius lorenzianus

●6cm ●西大西洋（カリブ海）の水深50m付近
▶螺塔が高く尖るところが特徴的。カリブ海では、この種にいくつかの亜種が認められており、海域や水深で多様に変化しているようである。

—
P.78
カリブイモ
カリブ芋［貝］
Conus centurio

●5cm ●西大西洋（カリブ海）の水深100m付近
▶水深100m付近の海底に生息する種で、殻はやや薄い。イモガイでは全体的に浅海にすむものは殻が厚く、深いところのものは薄くなる傾向にある。収集家の間では、深所に生息する珍しい種の方が好まれ、イモガイの重量感はほとんど興味の対象とならない。

—
P.74
ニンギョウイモ
人形芋［貝］
Conus genuanus

●5cm ●アフリカ西部の浅海
▶地色に濃淡があり、さらに点状斑列があり、時にその点状斑の周囲が白くなるという特異な色彩と斑紋を持つ種。

—
P.84
グラハムイモ
グラハム芋［貝］
Conus grahami

●15mm ●アフリカ西岸のカーボベルデの浅海
▶アフリカ西岸の沖に位置するベルデ諸島（カーボベルデ共和国）は大陸と離れていることもあり、海産のイモガイ類でも隔離されて種分化した一群が分布する。本種もその仲間。

—
P.80
ツマリグラハムイモ
詰りグラハム芋［貝］
Conus crotchii

●2cm ●アフリカ西岸のカーボベルデの浅海
▶ベルデ諸島の小形イモガイ類の一種で、グラハムイモ（p.84）よりも螺塔が低い。

—
P.75
キュウコンイモ
球根芋［貝］
Conus bulbus

●2.5cm ●アフリカ南西部の浅海
▶小型のイモガイで、螺塔部が丸みを帯びる。褐色の縦筋の模様。

—
P.83
カワリイモ
変わり芋［貝］
Conus variegatus

●2.5cm ●アフリカ南西部の浅海
▶キュウコンイモ（p.75）に似ているが、こちらは横筋を基本として、色彩に変化が多いことから名付けられた。

—
P.78
ワラベイモ
童芋［貝］
Conus mercator

●2.5cm ●アフリカ西部の浅海
▶上下2列の帯状の濃褐色の上に長い白斑を持つ。この色彩がかなり安定して見られる種である。

タケノコガイ科
Terbridae

—
P.158
オオギリ
大錐［貝］
Triplostephanus stearnsii

●10cm ●暖温帯の東アジアの水深100m付近の砂泥底
▶錐のような形をした仲間で、大きなことから名付けられている。単純な名だが、この種はかなり珍しい。細長い殻を持ち、同じ科には、やはり細長いタケノコガイの名を持つ種もある。タケノコガイ類もクダマキガイ類の特殊化した一群であることがわかっていたが、区別しやすいので従来からタケノコガイ科とされていた。

クダマキガイ科
Turridae

—
P.152
マダラクダマキ
斑管巻［貝］
Lophiotoma indica

●8cm ●暖温帯～熱帯のインド洋－西太平洋の浅海砂泥底
▶斑紋を持つクダマキガイ。クダ＝管は機織りの時の糸を巻く軸のことで、それに糸が巻かれた状態を示した名のようである。本書写真の標本はインド洋（タイ）のもので、日本の小型のマダラクダマキとは感じが異なり、詳細に検討すると別種の可能性もあろう。これまでクダマキガイ科とされていたものは、最近多くの科に分けられた。ただ、これはグループが多すぎて、系統関係が明らかにできていなかったものを再整理した結果である。イモガイ類もクダマキガイ類の特殊なタイプであることは従来から知られていた。

フデシャジク科
Raphitomidae

—
P.28
チマキボラ
千巻き法螺［貝］
Thatcheria mirabilis

●8cm ●暖温帯～熱帯の西太平洋の水深200付近の砂泥底
▶特異な形をした巻貝で、チマキというと食べ物が思い浮かべられるであろうが、そうではなく、変わった巻き方をしていることから「千巻」と表現したのではないかとされる。生きている時の殻はピンクがかると記されているが、解説者は、その状態を見る幸運には恵まれていない。購入すると数百円であるが、生貝を実際に見る機会はほとんどない。

クルマガイ科
Architectonicidae

—
P.46
クロスジグルマ
黒筋車［貝］
Architectonica perspectiva

●5cm ●熱帯〜暖温帯のインド洋–西太平洋の浅海砂底
▶車輪のように見えることからクルマガイの名が付き、黒い筋が特徴的なので、クロスジである。大型のクルマガイ類では最も浅いところに生息しており、打上採集でも摩耗していない綺麗な個体を得ることが多い。クルマガイ類も、イトカケガイ類と同様に、イソギンチャクの仲間の体液を餌にしている。

ウキビシガイ科
Cliidae

—

P.189
ウキビシガイ
浮菱貝
Clio pyramidata

●8mm ●熱帯〜温帯の海面表層で浮遊生活
▶形が菱形をしているところから名付けられているが、実は側面から見ると二等辺三角形に近い。少なくはないが、完全なものが打ち上がることは少ないようだ。

カメガイ科
Cavoliniidae

—

P.188
クリイロカメガイ
栗色亀貝
Cavolinia uncinata

●8mm ●熱帯〜温帯の海面表層で浮遊生活
▶同じカメガイ類でも、褐色がかることから単純に栗色とされている。少なくはないが、実はなかなか拾えない。この仲間はプランクトンなので、死後、海底に沈み、時には海底の砂にかなり多くの殻が含まれていることもある。

—

P.189
ヒラカメガイ
平亀貝
Diacria trispinosa

●8mm ●熱帯〜温帯の海面表層で浮遊生活
▶カメガイ科やウキビシガイは、プランクトンとして浮遊生活を行っている。そのため貝殻は薄く、半透明となっている。カメガイは、その殻が亀に似ていることから名付けられ、ヒラカメガイは平たいことによる。この仲間は死後、海岸に打上げられることも多い。その個体数は種によって大きく異なり、ヒラカメガイも多くはないが、比較的よく見つかる。

—

P.189
ササノツユ
笹の露［貝］
Diacavolinia longirostris

●6mm ●熱帯〜温帯の海面表層で浮遊生活
▶カメガイの仲間だが、その殻を笹の葉に付いた露に例えた名。よくぞ優雅な名前を付けたと感心してもらえるだろう。カメガイの仲間では最も多い種で、よく拾うことができる。なぜかこの種では殻の大小の差が大きい。

ハワイマイマイ科
Achatinellidae

—

P.256
キスジハワイマイマイ
黄筋ハワイ蝸牛
Achatinella decora

●14mm ●ハワイ諸島オアフ島の樹林内
▶カタツムリは這うという移動手段が基本で、その移動能力は極めて小さい。また乾燥に耐える能力も小さい。そのため、環境変化によって小さな集団になり、種分化しやすい。その好例とされるのがハワイ諸島のこのカタツムリの仲間で、「谷ごとに種が異なる」といわれているほどである。現在では多くの種が絶滅の危機にあり、様々な規制や保護対策が取られている。また、樹上にすむ種に多い背の高い巻貝である。

オオタワラガイ科
Cerionidae

—

P.266
オオタワラガイ
大俵貝
Cerion uva

●2.5cm ●西インド諸島の海岸部の林
▶米俵に似たカタツムリで、フロリダから西インド諸島（大アンチル諸島）に分布し、海岸部の林に大きなコロニーを形成しているという。コロニーの間で殻の形や彫刻に変異が見られ、これまでに600もの種が記載されているものの、それぞれの間で雑種ができるようであり、認められる種数は1/10以下になるらしい。一方で、その形態変異の意味を探ることにより生物学的な研究が大きく進展するとして、著名な進化生物学者、S.J.グールドが好んで材料としていた。

—

P.268
アカオオタワラ
赤大俵［貝］
Cerion rubicundum

●2.5cm ●西インド諸島の海岸部の林
▶このオオタワラガイ類は、10種以上の種が属するにもかかわらず、珍しくひとつの科に、1属しかない特異なものである。日本にも、ほぼ同じ形をしたまったく別な科（ネジレガイ科）に属するタワラガイが分布する。ただし、こちらは3mmくらいの微小なカタツムリである。両者とも殻口内の上部に突起を持つところまで似ている。系統、分布域、生息場所、サイズが異なっても、殻形態が同様な点は興味深い。

オオサナギイトカケマイマイ科
Urocoptidae

—

P.268
パイプガイ類の一種
パイプ貝類の一種
Brachypodella riisei

●10mm ●西インド諸島のプエルトリコの石灰岩地の森林内
▶カタツムリの中には、この種のように細長いものも多い。日本ではキセルガイ（煙管貝）が各地で種分化している。キューバを含む西インド諸島で種分化しているのが、このパイプガイ類である。主に石灰岩地では、殻が極めて細くなったり、巻きが外れたり、表面に板状の突起物を持っていたりと、非石灰岩地とは異なる多様な形態を持つものが現れることがある。石灰岩が造り出す様々な空間への適応ではないかと考えている。

サラサマイマイ科
Orthalicidae

P.253
イトヒキマイマイ類
糸引き蝸牛類
Liguus spp.

● 5cm ● 西インド諸島（キューバなど）のなどの陸域
▶この仲間は木の上にすみ、他にもカラフルな種が多く、特にアメリカの収集家に好まれている。一方、日本では陸産貝類収集家にもてはやされることはない。あまりに派手過ぎる上に殻が軽く（樹上生活への適応であろう）、外唇も反転しないためであろう。いくつかの種が認められているが、同じ地域に分布するオオタワラガイ類（p.266, 269）とは異なり、種の数は少なく、色彩以外の殻形の変異にも乏しい。

P.252
サオトメイトヒキマイマイ
早乙女糸引き蝸牛
Liguus virgineus

● 4cm ● 西インド諸島のイスパニョーラ島（ハイチとドミニカ）の林内
▶陶白色の地に黄、黒、淡い紫、赤の横縞と、想像を絶する色彩のカタツムリ。ただ残念なことに、淡い紫の部分は経年変化で色落ちする。1980年代前半には、毎年百万個単位でアメリカへ送られていたというほど多かった種だが、どうやら減少しているようである。最近販売されている個体では、紫の劣化が見られる。

セイロンアカマイマイ科（新称）
Acavidae

P.264
ヒシャゲマイマイ
拉げ蝸牛
Pedinogyra hayii

● 7cm ● オーストラリア東部（クイーンズランド）の森林内
▶平たく巻き、最後が少し捩れるという特異な形をしたカタツムリ。カタツムリは這ってしか移動できないので、各大陸ごとで主なグループは異なっている。また、多くの仲間では、大人になると（成熟すると）殻の最後が反り返って厚くなる。それにより螺線方向への成長を止め、反り返りを厚くしていく。厚くすることで、外敵に殻を壊されることを防いでいると考えられている。

コダママイマイ科
Xanthonychidae

P.258
コダママイマイ
小玉蝸牛
Polymita picta

● 2cm ● キューバの陸域
▶赤、橙、黄の原色に黒や白の横縞の入る美しいカタツムリ。日本でもこの種を飼育している施設がある。しかし、カタツムリは農業害虫にもなることがあり、日本国外から許可なく生きた個体を持ちこむことは法律で禁止されているため、勝手に飼育はできないので注意。熱帯のカタツムリには美麗種が多いが、その多くが島嶼に生息するのは、もしかすると外敵と関係するのかもしれない。また、この種も冬眠はしないと思われるが、時に黒い成長停止線を持つもので、夏眠の跡かもしれない。

ナンバンマイマイ科
Camaenidae

P.257
ミドリパプア
緑パプア［蝸牛］
Papuina pulcherrima

● 3.5cm ● パプアニューギニア（マヌス島）の樹林内
▶黄緑色に黄色の細い筋を持ち、殻の表面には光沢があるカタツムリ。もちろん、すべて自然のものである。この仲間はニューギニア周辺に多くの種が分布しており、パプアマイマイと呼ばれる。このマイマイもその1種で、ひとつの島にしか住んでいない。樹上性で、緑は「保護色」のようにも思える。色彩は変異が乏しく、黄色の個体が時に見られる程度である。一時、ワシントン条約の対象種でもあった。

オナジマイマイ科
Bradybaenidae

P.264
クロイワマイマイ
黒岩蝸牛
Euhadra senckenbergiana senckenbergiana

● 5cm ● 石川県を中心とした山岳地帯の自然林
▶解説者が日本で最も美しいと思っているカタツムリ。日本ではカラフルなカタツムリは稀で、大型種ではこのような褐色系のものが多い。本州から九州には、この仲間のミスジマイマイ類が各地で種分化しており、その色の濃さ、火炎彩と呼ばれる黄色の斑紋の入り方など、「侘び寂び」を好んで収集される。一方、各種の開発などで大型のデンデンムシの減少も顕著である。

P.264
トバマイマイ
鳥羽蝸牛
Euhadra decorata tobai

● 4.5cm ● 岩手県中部の山地の自然林
▶この種は、日本のカタツムリでは少数派の左巻きである。左巻きの大型種は東日本に多いが、その理由は不明。種としてはムツヒダリマキマイマイに含まれ、東北地方各地で殻の大小、高さ、表面の彫刻などから、いくつもの亜種に分かれている。その中でもこのトバマイマイは大きく、殻表に光沢を持ち、稀なことも加味されて、自慢できるもののひとつとなっている。名前は岩手県の博物学者、鳥羽源蔵に因む。

リンゴマイマイ（マイマイ）科
Helicidae

P.252
ヒメリンゴマイマイ
姫林檎蝸牛
Cantareus aspersus

● 3.5cm ● 島嶼を含む冷温帯～亜熱帯の汎世界の陸域
▶ヨーロッパでは普通なカタツムリで、人家周辺にも多い。色彩に変化は少なく、濃い黒褐色のマダラの筋に、黄色の稲妻状の火炎彩を持って

いる。本書で図示された生体はスコットランド北部シェットランド諸島で撮影されたもので、かなりきれいに写っており、これまで多数のヒメリンゴマイマイを見てきたが、初めて美しいと思った。食用にもされる。近年、国外から持ち込まれた本種が日本各地で発見される例が相次いでいる。
●別名：プチグリ（フランス語の直訳）

ツノガイ（ゾウゲツノガイ）科
Dentaliidae

P.149
ゾウゲツノガイ
象牙角貝
Dentalium elephantinum

●8cm ●熱帯の西太平洋の浅海砂底
▶ツノガイ類は角状の貝殻を持つ、巻貝でも二枚貝でもない独立した掘足類（くっそくるい）という仲間である。砂や泥の中に潜って生活し、頭糸と呼ばれる細い糸状のもので微細な有機物などを集めて餌としている。眼はない。ゾウゲツノガイはその名に反して明緑色をしており、名前は形からの学名の直訳と思われる。多くのツノガイ類は円い殻を持つが、この種など一部のものでは砂に潜る場合に有効とは思えない強い縦肋（じゅうろく）がある。

P.149
ミズイロツノガイ
水色角貝
Dentalium aprinum

●8cm ●熱帯のインド～西太平洋の浅海砂底
▶縦の筋を持つツノガイ類の中では大型種。ツノガイ類の中では、珍しい水色がかった色彩を持つ。日本では、この種に似て小型で白色のヤカドツノガイ（＝ムカドツノガイ）が各地の浜に打上げられる。筒状の特異な形から、貝細工や先史時代の装飾品として多用されている。

P.150
ニシキツノガイ
錦角貝
Pictodentalium formosum

●6cm ●暖温帯～熱帯の西太平洋の浅海砂底

▶白色のものが多い仲間の中で、赤紫色の美しい種。分布域が比較的広いわりに、得られる場所が限られている。台湾から大量に得られるようになるまでは、和歌山県串本橋杭の打上、高知県沖ノ島のドレッジ採集品および奄美大島の打上程度が主な入手元であった。鹿児島県南部（種子島を含む）では、先史時代の遺跡から装飾品としてややまとまって出土する例がある。

P.148
マルツノガイ
丸角貝
Fissidentalium vernerdi

●12cm ●暖温帯～熱帯の西太平洋の水深50m程度の砂泥底
▶かなり大型になるツノガイ類で、表面に細かい縦肋がある。別段珍しい種類ではないものの海岸に打ち上がることはなく、底曳網などで得られるが、どこでも見られるわけではない。熱帯域よりも暖温帯域に多いようである。

フネガイ科
Arcidae

P.240
ノアノハコブネガイ
ノアの方舟貝
Arca noae

●6cm ●地中海から北西アフリカ沿岸の浅海岩礁
▶舟を連想させる膨らんだ形から、旧約聖書の「ノアの方舟」と名付けられている。ガイを付ける場合、通常、その前は濁音にはしないのが普通だが（ホシダカラガイとはしない）、この種の場合、方舟が一語なのでハコブネと濁ることになる。学名の直訳ではあるが、夢をかきたてる名前でもある。貝自体は別段美麗種でもない。生きている時は、本書写真で茶色の菱形が見える殻頂側を外側に向けて生活している。

P.242
オオタカノハ
大鷹の羽［貝］
Arca ventricosa

●8cm ●熱帯～亜熱帯の西太平洋の浅海岩礁

▶ワシノハに対してタカノハなのだが、二枚貝のマテガイに近い貝にタカノハの名が先にあったため「オオ」が付いている。他にトビノハという名の種もある。ワシノハと同じV字状の靱帯（じんたい）の跡と共に、咬み合わせの細かい歯の構造が、細かい線となって見えている。

P.241
ワシノハ
鷲の羽［貝］
Arca navicularis

●6cm ●暖温帯～熱帯のインド洋－西太平洋の浅海岩礁
▶主に殻の形からか（もしくは模様からか）、格好良い名前が付けられている。潮の流れのある外海ではなく、やや内湾の岩礁に生息し、そのため沖縄には少なく、東南アジアでよく見られる。ノアノハコブネガイで見られた菱形の部分（靱帯／標本では剥がされている）に、V字状の溝を持つ。靱帯と反対側の殻の一部は窪んでおり、そこから強力な繊維状の足糸を出して岩に付着している。

ウグイスガイ科
Pteriidae

P.238
ウグイスガイ
鶯貝
Pteria brevialata

●7cm ●暖温帯～熱帯の西太平洋の浅海岩礁
▶流れの速い岩礁で、木の枝のような形をしている動物のヤギ類（イソギンチャクに近い仲間）に、嘴（くちばし）の根元から足糸で付いて生活している。この状態を、枝にとまった鶯になぞらえたものであろう。真珠貝（アコヤガイ）の仲間で、内面には真珠層が発達する。

P.239
ツバメガイ
燕貝
Pteria avicular

●7cm ●熱帯～亜熱帯の西太平洋の浅海岩礁
▶殻の形からツバメに例えられている。確かにウグイスガイより細く、上（殻頂側）から見ると尾羽に当たる部分が

二又に分かれるなど、その名がうなずける。長く伸びた尾羽根に当たる部分が殻の後部になる。この仲間には、その他にもフクラスズメ、ハヤブサガイの他、学名がペンギンに例えられているマベ（半円真珠の母貝）など、鳥の名前に因んだ和名が付けられている。

シュモクガイ科
Malleidae

P.164
シュモクガイ
撞木貝
Malleus albus

● 20cm ● 熱帯～暖温帯の西太平洋の浅海岩礫底
▶撞木は、鐘などを鳴らすT字型の仏具のことで、殻の形が似ていることから名付けられた。シュモクザメ（ハンマーヘッド）の方が著名であろう。また、盲目の方に与えられる最高の官位、検校（けんぎょう）が持つことのできたものは撞木杖である。この貝は、大きくなると岩礁底に横たわっていると思われるが、殻の両面に付着生物が見られ、時には上下が逆になっているようである。

イタヤガイ科
Pectinidae

P.16
ジェームズホタテ
ジェームズ帆立［貝］
Pecten jacobaeus

● 12cm ● 主に地中海の浅海砂泥底
▶両方の殻の膨らみが異なるイタヤガイの仲間だが、膨らみが同じくらいのホタテガイの名が付いている。ホタテは、この貝が「帆を立てて、泳ぐ」ことに因むとされる。泳ぐことは確かだが、帆を立てるほどは貝殻を開くことはできず、また水面に出ることもない。この貝は、十字軍の紋章になったり、石油会社のシンボルともなっている。
● 別名：ジェームズイタヤ

P.221
ケッペルホタテ
ケッペル帆立［貝］
Pecten keppelianus

● 7cm ● アフリカ西岸のカーボベルデ
▶ジェームズホタテ（p.16）の仲間が、ベルデ岬諸島で特殊化（固有）したものと思われる。小型になり、左殻の色彩が明るく、美麗になっている。ケッペルは人名。

P.213
カミオニシキ
神尾錦［貝］
Chlamys albida

● 7cm ● 寒帯の西太平洋の水深50m～200m付近
▶神尾は、戦前の農林省の漁業監視船の事務長だった神尾秀二氏に因む。北海道各地の漁業に伴って採集され、地域によって変異があり、分類の見解が異なる種でもある。北の貝では珍しくピンク系の色彩なので、人気が高い。

P.213
ヒメカミオニシキ
姫神尾錦［貝］
Chlamys islandica

● 8cm ● 北極圏～北部太平洋・大西洋の水深30m～400m付近
▶別名のオーロラニシキの方が通りが良いものの、ヒメカミオニシキと先に名付けられている。本書で図示した本場大西洋の個体は、細かな肋が強く、紫がかる。
● 別名：オーロラニシキ

P.2, 196
ヒオウギ
桧扇［貝］
Mimachlamys crassicostata

● 12cm ● 暖温帯～亜熱帯の東アジアの浅海岩礁
▶その色彩から「緋扇」と表記されることもあるが、桧の薄板から作られた扇子を檜扇（ひおうぎ）と呼ぶことに因んだ和名である。赤、黄、紫と様々な色彩を持つ貝として著名であるが、自然下では濁った赤褐色のものが多い。ホタテガイと同じく食用種で養殖されており、見事な色彩も育種の成果であるという。本種の学名には従来 *nobilis* が用いられていたが、最近、学名が変更になった。これは産地不詳の貝がヒオウギだと確認されたことによるらしい。

P.192
ヒメヒオウギ
姫桧扇［貝］
Mimachlamys sanguinea

● 9cm ● 熱帯～亜熱帯のインド洋－西太平洋の浅海岩礁
▶ヒオウギよりも小さく、肋上の鱗片状突起（りんぺんじょうとっき）も弱く、殻頂部はマダラ模様になる点が特徴である。フィリピンに多く、大量に販売されている。この種もそうであるが、フィリピンの商品貝（コマーシャルシェル：収集家向けではなく、一般向けの貝をこのように呼ぶこともある）は、どのように生息し、採集、処理されているのか、常々知りたいと思っている事項のひとつである。あれだけ採っても減らないのか、不思議である。

P.198
アラフラヒオウギ
アラフラ桧扇［貝］
Mimachlamys gloriosa

● 10cm ● 熱帯の西太平洋の浅海岩礁
▶ヒオウギよりもやや小型で細く、鱗片（りんぺん）は明瞭。ヒオウギには見られない放射状の色彩を持っている。黄色系のものが多いようだが、ヒオウギの黄色より濃く、鮮やかである。
● 別名：ヒオウギモドキ

P.194
チサラガイ
血皿貝
Gloripallium pallium

● 5cm ● 熱帯～亜熱帯のインド洋－西太平洋の浅海岩礁
▶和名には血皿を当てているので、赤い色彩からの連想のようである。沖縄の本種では紫色が目立つことが多い。オオシマヒオウギに似ているが、肋が3本に分かれている点が大きな違いである。また生息水深も浅い。

P.195
オオシマヒオウギ
大島桧扇［貝］
Gloriopallium speciosum

● 4cm ● 熱帯～亜熱帯のインド洋－西太平洋の浅海岩礁
▶鮮やかな赤と黄で、紫のマダラがあ

り、表面には光沢が強い。イタヤガイ科の種は収集家に人気の高いグループで、ペクテン（Pecten）と称される。この種は主に水深30m付近にすんでおり、ダイビングが盛んになり、多くの標本がもたらされるようになるまでは比較的珍しい種であった。大島は、奄美大島のこと。

—

P.214
アメリカイタヤ
アメリカ板屋［貝］
Argopecten irradians

● 6cm ● 温帯の大西洋の浅海
▶ アメリカ大西洋のホタテガイ類で、両殻が同じように膨らむ。色彩には変異が多いものの、熱帯のような華やかさはない（同属で亜熱帯に分布するフロリダイタヤはカラフル）。この種は、中国の黄海沿岸で1980年代から大規模に養殖されており、日本にも加工品で食用とされているようである。

—

P.215
セイヨウイタヤ
西洋板屋［貝］
Aequipecten opercularis

● 7cm ● 地中海を含む温帯のヨーロッパの浅海砂泥底
▶ ヨーロッパでも食用にされている種。scallopは、イタヤガイ、ホタテガイの英語名。本書両ページ（p.214〜215）で1個だけこの種が図示されており、肋の間が広いことで区別できるだろうか？

—

P.210
トライオンニシキ
トライオン錦［貝］
Aequipecten glypus

● 5cm ● 熱帯〜亜熱帯の西大西洋の水深30m付近の砂泥底
▶ トライオンは著名なアメリカの貝類研究者で、19世紀末に膨大な『世界貝類図鑑』を著した。その人に因む。日本の貝にも、トライオンコギセルと献名されている。ニシキガイは日本の種で、様々な色彩を持つことから「錦」と名付けられ、この仲間の基本名となっている。トライオンニシキは肋が紅色で美しいが、色彩の変異は少ないようである。

—

P.199
ヒヤシンスガイ
ヒヤシンス貝
Equichlamys bifrons

● 7cm ● オーストラリア南部の浅海
▶ 花のヒヤシンスをイメージして名付けられた。紫の個体が多いために、花の色に由来するのであろう。

—

P.179
コブナデシコ
瘤撫子［貝］
Lyropecten nodosa

● 12cm ● 熱帯〜亜熱帯の西大西洋の浅海
▶ 肋の上にいくつものコブを持つナデシコガイ。日本のナデシコガイは2cmくらいの小型、やや薄質の貝で、表面にも細かな肋を多数持ち、この貝と比べると、いかにも大和撫子という感じの貝で、可憐な色彩を花の撫子に例えたのではないかと思われる。コブナデシコ以外にも、コブを持つイタヤガイ科の種があり、北海道などに分布するエゾキンチャクにも少しコブ状の肋がある。

—

P.220
カナリアキンチャク
カナリア巾着［貝］
Lyroepcten coralinoides

● 3cm ● アフリカ西岸のカーボベルデなどの諸島の浅海
▶ カナリアは鳥と同様に、カナリア諸島の地名に由来する。小型だが、コブナデシコ（p.179）のように、肋上に結節がある。美しい色彩で、その変異も多く、また稀少なので人気が高い。キンチャクは口を紐で縛った袋で、確かに閉じた形がよく似ている。

—

P.188
ハリナデシコ
玻璃撫子［貝］
Delectopecten macrocheiricola

● 2cm ● 温帯の西太平洋の水深200m付近
▶ 「玻璃」は水晶やガラスのことで、この貝の透明なことによる。本書の写真はバックの関係で、紫にも見えている。足糸で堅い基質に付くため、時に

はタカアシガニの甲羅の上で見られることもある。

ワタゾコツキヒ科
Propeamussiidae

—

P.187
クラゲツキヒ
水母月日［貝］
Propeamussium sibogai

● 4cm ● 熱帯〜亜熱帯の西大西洋の水深200m付近の砂泥底
▶ 透明感のある殻と触手のように見える黄色の内肋からクラゲになぞらえて名付けられた。ツキヒガイ（月日貝）は、海底で上面になる左殻が赤褐色で「太陽＝日」に、黄白色の右殻を「月」に見立てて命名されている。

ウミギク科
Spondylidae

—

P.180
ショウジョウガイ
猩々貝
Spondylus regius

● 12cm ● 熱帯〜亜熱帯の西大西洋の浅海岩礫底
▶ ショウジョウカタベ（p.170）と同じく、想像上の動物、猩々（しょうじょう）に因む。ウミギク科の二枚貝は右殻で岩などに付着するが、そのため殻も変形し、種の特徴が掴みづらい。その中で、ショウジョウガイは初期の一時だけ付着することもあり、殻形態などはかなり安定している。この仲間は、spiny oyster（棘牡蠣）の名で欧米の収集家には比較的人気が高い。日本ではあまり人気がないのは、同定が難しいことと、「標本箱に入りにくい」ためだと思っている。

ミノガイ科
Limindae

—

P.188
ヒラユキミノ
平雪簑［貝］
Limaria fragilis

● 3.5cm ● 熱帯〜亜熱帯のインド洋

―西大西洋の浅海岩礫底
▶殻の表面にあるスジと形を、昔の雨除けである蓑になぞらえて名付けられたミノガイの仲間。殻は薄く、やや半透明で、生きている時は殻の縁から淡灰青色の触手を多数出し、あたかもイソギンチャクのように見える。浅い海の石の下の隙間などにすみ、自らトンネル状の巣を作るものもある。この科のウコンハネガイは、反射による「発光」が知られており、ダイバーに人気がある。なお、触手には硫黄が含まれているという研究もある。

イタボガキ科
Pectinidae

―
P.178
トサカガキ
鶏冠牡蠣
Lopha cristagalli

● 8cm ● 熱帯〜亜熱帯のインド洋−西大西洋の浅海岩礁
▶いかにもニワトリのトサカの形をしたカキ。よく見ると、殻の表面にウロコ状の彫刻がある。生きている時には殻の表面に赤いカイメンが付着している。カキの仲間だが干潟にすむことはなく、数も少なく、身の入る部分もわずかであり、食用にされることはない。

イシガイ科
Unionidae

―
P.237
カワバトガイ（新称）
川鳩貝
Mutela bargeri

● 10cm ● 中央アフリカ（ザイール）の淡水
▶淡水にすむ二枚貝では、イシガイ科の種が多く、各大陸で異なったグループに分化している。日本には見られない後端の延びた種には、南アメリカにカワウグイスが知られている。この長くなった後端は水管部を伸ばすためのものかもしれないが、その生息状況などは不明であった。

トマヤガイ科
Carditidae

―
P.230
ハデトマヤガイ
派手苫屋貝
Cardita laticostata

● 3.5cm ● 熱帯〜亜熱帯の東南太平洋の浅海
▶苫屋とは植物の茅（かや）などで作った菰（こも）で屋根を葺いた粗末な家のこと。この仲間の肋を、茅などに見立てて名付けられている。その中でも派手なので、この和名となった。個体の模様によっては、猫の顔にも見える。

―
P.233
カスリトマヤガイ
絣苫屋貝
Cardita bicolor

● 2.5cm ● 主に熱帯のインド洋の浅海
▶和名は、絣模様のトマヤガイの意。イタヤガイ類を除き、二枚貝は貝類収集家には珍重されない。この仲間も人気がなく、別段珍しい種でもないにも関わらず、販売も少なく入手しづらい。

―
P.232
フカミゾトマヤガイ
深溝苫屋貝
Cardita crassicostata

● 4cm ● 熱帯〜亜熱帯の東南太平洋の浅海
▶沖縄を含む日本にはトマヤガイ科の種は少なく、変わった形や色彩のものはほとんど見られないが、東太平洋の熱帯域では、今回示した2種のように興味深い種を含め、種数は比較的多い。

モシオガイ科
Crassatellidae

―
P.234
メキシコモシオガイ
メキシコ藻塩貝
Eucrassatella digueti

● 6cm ● 熱帯の東南太平洋の浅海砂底
▶名前の藻塩は、海藻などを集め、焼いて作った塩のことだが、この貝が藻塩とどのように関連するのかは不明。厚い殻で、この科のものはおよそ同じ形をしており、長く伸びた側が後ろ。一部の写真に見られる褐色の目のような部分は靭帯などである。

ザルガイ科
Cardiidae

―
P.228
キンギョガイ
金魚貝
Nemocardium bechei

● 5cm ● 暖温帯〜熱帯の西太平洋の浅海砂底
▶名前の金魚は、赤い貝殻から名付けられた。本書の写真は合わさった状態を後ろから撮影したもので、こちらから水管が出る。殻表からの図では目立たない後部の細かな彫刻が見事である。ある研究者によると、日本のキンギョガイには、新しい学名が与えられるかもしれないとのことである。

―
P.229
リュウキュウアオイ
琉球葵［貝］
Corculum cardissa

● 4cm ● 熱帯〜亜熱帯のインド洋−西太平洋の潮間帯の岩礫底
▶ハート形をした二枚貝で、どの本にも紹介されている。植物のアオイの葉の形に似ていることに因む（三つ葉葵と同じ）。この形は、殻を前後に圧縮したことによる（中央に二枚の殻の合わせ目がわかる）。シャコガイ類と同じく、この仲間も共生藻を持ち、殻を透過した太陽光を利用するために、殻の微細構造でも光を通しやすくしている。すみ場所も潮間帯などの浅いところで、足糸などで付着せず置かれたように見られる。

シャコガイ科
Tridacnidae

―
P.222
ヒレジャコ
鰭硨磲［貝］
Tridacna squamosa

●30cm ●熱帯～亜熱帯のインド洋－西太平洋の浅海砂底
▶漠然とボッティチェリの「ビーナスの誕生」の貝のようにイメージされているかもしれないが、あの絵の貝はジェームズホタテ（p.16）で、シャコガイではない。シャコガイ類は体に微小な共生藻を持ち、その光合成産物を利用している。そのため、外套膜は共生藻により様々な色彩をしており、太陽光を受けられるようにしている。この仲間はザルガイ類の一部が特殊化したことが知られていて、ザルガイ科に含める見解もある。

ニッコウガイ科
Tellinidae

—

P.212
ゴライコウサラガイ（新称）
御来光皿貝
Laciolina astrolabei

●7cm ●熱帯の西太平洋（北東オーストラリア）の浅海砂底
▶殻表の紅赤色の放射彩を、山頂から見る荘厳な日の出の御来光になぞらえて名付けた。沖縄には、基本的に放射彩を持たない同属のリュウキュウサラガイが分布する。

—

P.212
ヒメニッコウガイ
姫日光貝
Tellinella staurella

●5cm ●熱帯のインド洋－西太平洋の浅海砂底
▶放射彩のあるニッコウガイより小型という名である。ニッコウガイより細い（殻高が低い）のだが、思ったより両種の区別は難しい。左殻の盛り上がった辺りに成長肋がなく、平滑なのが、ヒメである。

—

P.212
メキシコサラサヒノデ
メキシコ更紗日出［貝］
Tellinella cumingii

●4cm ●熱帯の東太平洋の浅海砂底
▶メキシコに分布する更紗模様の放射彩を持つ貝という名前となっている。日本にもよく似た別種のサラサヒノデが分布するが、少ないらしく、き

ちんと図示されたことはないようである。本書写真の右が後部で、少し盛り上がっている。ニッコウガイ科の多くは、アサリなど普通の二枚貝と異なって、殻を水平的にして潜っており（アサリなどは垂直）、盛り上がった後部から長い水管を出して海底面の有機物などを摂食している。

コウホネガイ科
Glossidae

—

P.228
リュウオウゴコロ
竜王心［貝］
Glossus humanus

●7cm ●地中海を含む北東大西洋の浅海～水深数百mの砂泥底
▶他の二枚貝と異なって殻頂が巻くようになっており、二枚の合わさった殻を後方から見ると人間の心臓の形にも見える。学名に基づくと「心臓貝」とでもなるところを「心」とするところがにくい（先にハートガイの名はあったが）。表面の濁った褐色の部分は殻皮で、石灰質ではないためいずれは分解される。この仲間の現生種はわずかであるが、化石には多くの種が存在するようである。普通種。

アイスランドガイ科
Arcticidae

—

P.9
アイスランドガイ
アイスランド貝
Arctica islandica

●8cm ●寒帯の北東大西洋の水深50m付近
▶形、彫刻、色彩のどれをとっても、これといった特徴がない。しかし、400年生きた個体があるとされる長命なことで有名な貝。ただ、13年で繁殖するという報告も見られた。この科の現生種はほとんどない。この2つの要素だけで、この貝をコレクションアイテムとする。

マルスダレガイ科
Veneridae

—

P.218
チヂミリュウオウハナガイ
縮み竜王花貝
Chione jamaniana

●3.5cm ●熱帯の東太平洋の浅海砂底
▶アサリやハマグリの仲間で、日本産のハナガイ（花貝：花びらに因む）に少し似ており、殻の表面にウロコ状の彫刻を持つ大型種にリュウオウハナガイという和名が付けられた。さらに表面の彫刻が著しく、縮織りのようなイメージからこの貝が命名された。このような構造は、マルスダレガイ科の多くの系統で現れ、熱帯に多い傾向のようである。

—

P.225
マボロシハマグリ
幻蛤
Hysteroconcha lupanaria

●7cm ●熱帯～亜熱帯の東太平洋の潮間帯砂底
▶名前の通りハマグリの仲間だが、砂に潜る種では他に例のない長い棘を発達させた貝である（北アメリカ大西洋側に短い棘を持つ姉妹種のツキヨミハマグリが知られる）。棘のある側（後部）から海面側に水管を出すので、水管を守ったり、外敵に捕食されないようにするために棘があると考えられている。ただ、棘を持たない同属の種も同じ海域に分布するようであり、またマボロシハマグリの水管は別に短くはなさそうである。

—

P.226
イジンノユメ
異人の夢［蛤］
Bassina disjecta

●6cm ●南オーストラリアの浅海砂底
▶日本には、この種に似て3cmの小型種で水深100m付近にすんでいる比較的珍しいユメハマグリが分布する。比較的変化のない二枚貝の中で成長肋が板状に立ち、稀なこともあって、収集家の心をくすぐり、夢蛤と名付けられた。戦後の物資も不足していた時代、貝類収集家などの情報誌のタイトルにもなっている。同様な形

の大型種で、国外産の種に対して「異人の」夢蛤とされた。名前を付ける時の収集家の遊び心の例である。

ニオガイ科
Pholladidae

—

P.219
テンシノツバサ
天使の翼［貝］
Cyrtopeleura costata

● 12cm ● 熱帯〜暖温帯の西大西洋の潮間帯泥底
▶ 優雅な名前を持つ貝だが、堅い泥底に穴を開けて深く潜っているようである。日本に分布する同じ仲間の多くは砂岩などの岩に穿孔するが、中には泥底に「穿孔」するものもあり、さらにウミタケなどは穿孔しなくなっている。殻の表面の棘で泥を削って穴を開ける。成長と共に深く潜ることになり、一生海底に出ることはない。類似の種には、ペガサスノツバサやダビデノツバサなどの和名の種がある。

オウムガイ科
Nautilidae

—

P.12
オオベソオウムガイ
大臍鸚鵡貝
Nautilus macromphalus

● 18cm ● ニューカレドニア（西南太平洋）海域
▶ 殻口近くの黒色部を、鳥のオウムの嘴に見立てて名付けられた。その中でも、巻きの中心に穴があることから、大臍とされる。より広い穴を持つものにはヒロベソオウムガイという種もある。オウムガイは、殻内の液体とガスの量を調節することで、数百mの深海から数十mの浅海にまで移動して生活しており、死後、海流に運ばれた貝殻が日本へも漂着する。ただし、これまでに鹿児島でオウムガイの生貝が得られたことがあったり、ニューギニアに分布するヒロベソオウムガイの殻が沖縄で確認された例もある。

トグロコウイカ科
Spirulidae

—

P.15
トグロコウイカ
蜷甲烏賊
Spirula spirula

● 3cm ● 世界中の熱帯海域の中層
▶ イカの殻（＝甲）だが、巻いており、オウムガイのような壁がある。殻は体に対して縦に入っていて、内部の液体を調節し、浮力を変化させるウキの役目だという。イカの死後、殻は房総半島にまで流れ着くことがある。近年、日本での殻の漂着例は増加しているようであり、熱帯の深海でも何か変化が起きているのかもしれない。

● 掲載標本の多くは千葉県立中央博物館の所蔵標本（二宮泰三、伏見道雄、三井一郎、菱田忠義、佐々木猛智、志村 茂、品川和久、大熊量平他各氏のコレクションを含む）である。

INDEX

和名索引

ア

アイスランドガイ	9,294
アイスランドガイ科	9,294
アオミオカタニシ	186,276
アカオオタワラ	268,288~289
アカシマミナシ	77,285
アサガオガイ	208~209,281
アサガオガイ科	207~209,281
アッキガイ科	11,22~27,32~35, 122~127,156~157, 248~249,281~282
アマオブネ科	193,201,203,205,276
アメリカイタヤ	214~215,292
アヤメイモ	76,286
アヤメケボリ	206,278
アラビアミソラタマガイ	143,280
アラフラヒオウギ	198,292
アラレヘリトリガイ	11
アンボンクロザメ	87,286
イガタマキビ	144,277
イシガイ科	237,293
イジンノユメ	226~227,294~295
イタボガキ科	178,293
イタヤガイ科	2,16~17,179,188, 192,194~199,210, 213~215,220~221,291~292
イチゴナツモモ	200,275
イトカケイモ	85,286
イトカケガイ科	48~49,281
イトグルマ	42~43,282
イトヒキマイマイ類	253~255,289
イトマキビワガイ	11
イトマキボラ科	44~45,50~51,283
イナズマオオコロギ	96~97,284
イモガイ科	11,74~87,236,285~287
イロタマキビ	202,277
インドフジツ	116~119,280~281
ウキビシガイ	189,288
ウキビシガイ科	189,288
ウグイスガイ	238,290
ウグイスガイ科	238~239,290~291
ウミウサギ	68~69,278
ウミウサギ科	68~73,206,278
ウミギク科	180~181,292
ウミノサカエイモ	81,285~286
エゾバイ科	11,36~39, 106~107,282~283
エメラルドカノコ	193,276
エンジイモ	236,285
オウサマダカラ	62,279
オウムガイ科	12~13,295
オオイトカケ	48~49,281
オオカンムリボラ	102~103,283
オオギリ	158~159,287
オオサナギイトカケマイマイ科	268,288
オオサラサバイ	138~139,275
オオシマヒオウギ	195,291~292
オオタカノハ	242~243,290
オオタワラガイ	11,266~268,288
オオタワラガイ科	11,266~268, 288~289
オオツタノハ	251,274
オオビワガイ	111,280
オオベソオウムガイ	12~13,295
オカタマキビ科	262~263, 270~271,276~277
オキナエビス科	88~91,274
オトメダカラ	63,279
オナジマイマイ科	264~265,289
オニコブシ科	42~43,112~113,282
オヤヅル	40~41,281
オーロラニシキ	213,291

カ

ガクフボラ科→ ヒタチオビ（ガクフボラ）科	
カゴメミノムシ	146~147,283
カジトリグルマ	166~167,278
カスガイモ	80,285
カスリトマヤガイ	233,293
カタベガイ科	170~171,275
カドバリヒロクチヤマタマキビ	262~263,277
カナリアキンチャク	220,292
カナリーヒザラ	182,274
カノコミノムシ	146~147,283~284
カノコシボリミノムシ	146~147, 283~284
カフスボタン	72~73,278
カブラガイ	32~35,282
カミオニシキ	213,291
カメガイ科	188~189,288
ガラパゴスカセン	26~27,282
カリブイモ	78,287
カワバトガイ	237,293
カワリイモ	83,287
カンムリボラ科→ テングニシ（カンムリボラ）科	
キスジハワイマイマイ	256,288
キュウコンイモ	75,287
キンギョガイ	228,293
クサイロカノコ	205,276
クサズリガイ科	182,274
クジャクアワビ	92,275
クダマキガイ科	152~153,287
クマサカガイ	172~173,278
クマサカガイ科	166~167,172~173,278
クラゲツキヒ	187,292
グラハムイモ	84,287
クリイロカメガイ	188,288
クルマガイ科	11,46~47,287~288
クレナイコオロギ	98~99,284
クレナイセンジュガイ	156~157,281
クロイワマイマイ	264~265,289
クロザメモドキ	86,286
クロスジグルマ	11,46~47,287~288
クロフモドキ	87,286
ケッペルホタテ	221,291
コウホネガイ科	228,294
コガネダカラ	54~55,279
ゴシキカノコ	201,276
コダママイマイ	11,258~261,289
コダママイマイ科	11,258~261,289
コトショッコウラ	10~11, 130~131,284
コブナデシコ	179,292
ゴホウラ	20~21,277
ゴライコウサラガイ	212,294
コロモガイ科	154~155,285

サ

サオトメイトヒキマイマイ	252,289
サカマキボラ	11,108～109,283
サザエ科→リュウテン(サザエ)科	
ササノツユ	189,288
サラサダカラ	61,279
サラサバイ	204,275
サラサバイ科	138～139,204,275
サラサマイマイ科	252～255,289
ザルガイ科	228～229,293
ジェームズイタヤ	16～17,291
ジェームズホタテ	16～17,291
シマウマカノコ	203,276
シマツノグチ	44～45,283
シャコガイ科	222～223,293～294
シャンクガイ	112～113,282
ジュセイラ	134,280
シュモクガイ	164～165,291
シュモクガイ科	164～165,291
ショウジョウガイ	180～181,292
ショウジョウカタベ	170～171,275
ショウジョウラ	135,280
ショッコウラ科	10～11,128～133,284
シラタマガイ科	66～67,279～280
シンセイダカラ	60,279
スイジガイ	162～163,278
スイショウガイ(ソデガイ)科	20～21,120～121,162～163,176～177,244～247,277～278
スカシガイ科	211,274～275
スクミウズラ	145,281
スクミボラ	11,36～37,283
スジバライロボタン	67,280
スミスエントツアップタガイ	174～175,276
セイヨウイタヤ	215,292
セイロンアカマイマイ科	264～265,289
セキトリマクラ	236,284
ゾウゲツノガイ	149,290
ゾウゲツノガイ科→ツノガイ(ゾウゲツノガイ)科	
ソデガイ科→スイショウガイ(ソデガイ)科	
ソメワケボラ	135,280

タ

ダイオウスカシガイ	211,274～275
タガヤサンミナシ	11,81,285
タカラガイ科	54～65,278～279
タケノコガイ科	158～159,216～217,287
ダチョウウノアシ	250,274
タマガイ科	140～143,188,280
タマキビ科	144,202,277
ダルマカンムリボラ	104～105,283
チサラガイ	194,291
チシオケボリ	206,278
チシオボレバケボリ	206,278
チヂミリュウオウハナガイ	218,294
チマキボラ	28～31,287
ツクシガイ科→ミノムシガイ(ツクシガイ)科	
ツタノハ科	211,250～251,274
ツノガイ(ゾウゲツノガイ)科	148～151,290
ツノヤシガイ	100～101,285
ツバメガイ	239,290～291
ツボイモ	81,285
ツマリグラハムイモ	80,287
テイオウナツモモ	200,275
テイラーミノムシ	146～147,283
デニスンミノムシ	146～147,283
テマリカノコ	203,276
テラマチダカラ	65,279
テングガイ	126～127,281
テングニシ(カンムリボラ)科	102～105,108～109,283
テンジクイモ	85,285
テンシノツバサ	219,295
トウカムリ科	40～41,281
トガリウノアシ	250,274
トグロコウイカ	15,295
トグロコウイカ科	15,295
トサカガキ	178,293
トナカイイチョウ	248～149,281～282
トバマイマイ	264～265,289
トマヤガイ科	230～233,293
トライオンニシキ	210,292

ナ

ナガシマイモ	79,285
ナンバンマイマイ科	257,289
ナンヨウクロミナシ	87,286
ナンヨウダカラ	54～55,279
ニオガイ科	219,295
ニシキウズ科	200,275
ニシキツノガイ	150～151,290
ニシキマクラ	52～53,284
ニシノツツミガイ	188,280
ニチリンガサ	211,274
ニッコウガイ科	212,294
ニッポンダカラ	64,279
ニンギョウイモ	74,287
ニンジンイモ	76,286
ネジヌキエゾボラ	38～39,282
ネジヌキバイ	106～107,282
ノアノハコブネガイ	240,290

ハ

パイプガイ類の一種	268,288
ハチジョウダカラ	56～57,278～279
ハデトマヤガイ	230～231,293
ハデミノムシ	146～147,283
ハナヨメタマガイ	142,280
バライロショッコウラ	132～133,284
バライロスジボタンシラタマガイ	67,280
バライロボタンガイ	66,279～280
ハリナガリンボウ	168～169,275
ハリナデシコ	188,292
ハルシャガイ	77,286
ハワイマイマイ科	256,288
バンザイラ	135,280
ヒイラギガイ	122～125,282
ヒオウギ	2,196～197,291
ヒオウギモドキ	198,291
ヒガイ	70～71,278
ヒシャゲマイマイ	264～265,289
ヒタチオビ(ガクフボラ)科	94～101,160～161,284～285
ヒダヤマタマキビ	270～271,276
ヒメオキナエビス	89,274
ヒメカミオニシキ	213,291
ヒメニッコウガイ	212,294

ヒメヒオウギ	192,291	ミヒカリコオロギ	160~161, 284~285
ヒメノウイモ	82,285	ミミガイ科	92~93,275
ヒメリンゴマイマイ	252,289~290	ミミズガイ科	183,276
ヒヤシンスガイ	199,292	ムカデソデガイ	244~245,277
ヒラカメガイ	189,288	ムラサキコケミミズガイ	183,276
ヒラユキミノ	188,292~293	ムラサキミミズ	183,276
ピルスブリーサソリ	246~247,277	メキシコサラサヒノデ	212,294
ヒレジャコ	222~223,293~294	メキシコタマガイ	140~141,280
ビワガイ	110,280	メキシコパライロボタン	66,279
ビワガイ科	11,110~111,280	メキシコモシオガイ	234~235,293
ピンクガイ	120~121,277	モシオガイ科	234~235,293
フカミゾトマヤガイ	232,293		
フジツガイ科	114~119,134~135,280~281		
フシデサソリ	247,277	◯ヤ	
プチグリ	252,290	ヤツシロガイ科	145,281
フデシャジク科	28~31,287	ヤマタニシ科	11,174~175,186,276
フネガイ科	240~243,290	ヤヨイハルカゼ	100~101,285
ブランデーガイ	94~95,284		
ベニオキナエビス	91,274	◯ラ	
ホシダカラ	58,278	ラセンオリイレボラ	154~155,285
ホソニシ	50~51,283	リュウオウゴコロ	228,294
ボタンユキミナシ	84,286	リュウキュウアオイ	229,293
ホラガイ	114~115,281	リュウグウオキナエビス	90,274
		リュウグウダカラ	59,279
◯マ		リュウテン	136~137,275
マイマイ科→ リンゴマイマイ（マイマイ）科		リュウテン（サザエ）科 136~137,168~169,275	
マキミゾアワビ	93,275	リンゴマイマイ（マイマイ）科 252,289~290	
マクラガイ科	52~53,236,284	ルリガイ	207,281
マダラクダマキ	152~153,287	ルンバソデガイ	176~177,277
マボロシハマグリ	225,295	ロウソクイモ	77,285
マルスダレガイ科 218,225~227,294~295		ロレンツイモ	80,286~287
マルツノガイ	148,290		
ミカドミナシ	77,286	◯ワ	
ミサカエショッコウラ	128~129,284	ワシノハ	241,243,290
ミサカエミノムシ	146~147,283	ワタゾコツキヒ科	187,292
ミズイロツノガイ	149,290	ワダチヤマタニシ	262~263,277
ミズスイ	22~25,282	ワダチヤマタマキビ	262~263,277
ミダースオキナエビス	88,274	ワラベイモ	78,287
ミダレシマヒメヤマタニシ	11,276		
ミドリパプア	257,289		
ミノガイ科	188,292~293		
ミノムシガイ（ツクシガイ）科 146~147,283~284			

INDEX

学名索引

A - B

Acavidae	264~265,289
Achatinella decora	256,288
Achatinellidae	256,288
Acroptychia metableta	270~271,276
Aequipecten glypus	210,292
Aequipecten opercularis	215,292
Angaria vicdani	170~171,275
Angariidae	170~171,275
Arca navicularis	241,243,290
Arca noae	240,290
Arca ventricosa	242~243,290
Architectonica perspectiva	11,46~47,287~288
Architectonicidae	11,46~47,287~288
Arcidae	240~243,290
Arctica islandica	9,294
Arcticidae	9,294
Babelomurex santacruzensis	26~27,282
Bassina disjecta	226~227,294~295
Bayerotrochus midas	88,274
Brachypodella riisei	268,288
Bradybaenidae	264~265,289
Buccinidae	11,36~39,106~107,282~283
Buccipagoda kengrahami	11,36~37,283
Busycon contrarium	11,108~109,283

C

Camaenidae	257,289
Cancellariidae	154~155,285
Cantareus aspersus	252,289~290
Cardiidae	228~229,293
Cardita bicolor	233,293
Cardita crassicostata	232,293
Cardita laticostata	230~231,293
Carditidae	230~233,293
Cassidae	40~41,281
Cassis fimbriata	40~41,281
Cavolinia uncinata	188,288
Cavoliniidae	188~189,288
Cerion rubicundum	268,288~289
Cerion uva	266~267,288
Cerionidae	11,266~268,288~289
Charonia tritonis	114~115,281
Chicoreus nobilis	156~157,281
Chicoreus ramosus	126~127,281
Chione jamaniana	218,294
Chiton olivaceus	182,274
Chitonidae	182,274
Chlamys albida	213,291
Chlamys islandica	213,291
Clanculus pharaonius	200,275
Clanculus puniceus	200,275
Cliidae	189,288
Clio pyramidata	189,288
Columbarium pagoda	42~43,282
Conidae	11,74~87,236,285~287
Conus achatinus	82,285
Conus ammiralis	85,285
Conus aulicus	81,285
Conus bulbus	75,287
Conus centurio	78,287
Conus coccineus	236,285
Conus crotchii	80,287
Conus daucus	76,286
Conus dorreensis	80,285
Conus eburneus	86,286
Conus generalis	77,285
Conus genuanus	74,287
Conus gloriamaris	81,285~286
Conus grahami	84,287
Conus imperialis	77,286
Conus leopardus	87,286
Conus litteratus	87,286
Conus marchionatus	84,286
Conus marmoreus	87,286
Conus mercator	78,287
Conus muriculatus	79,285
Conus purpurascens	76,286
Conus sprius lorenzianus	80,286~287
Conus tessulatus	77,286
Conus textile	11,81,285
Conus variegatus	83,287
Conus zonatus	85,286
Corculum cardissa	229,293
Costellariidae	146~147,283~284
Crassatellidae	234~235,293
Cyclophoridae	11,174~175,186,276
Cyclophorus sericinum	11,276
Cymatium flaveolum	135,280
Cymatium hepaticum	134,280
Cymatium perryi	116~119,280~281
Cymatium rubeculum	135,280
Cymbiola aulica	98~99,284
Cymbiola imperialis	160~161,284~285
Cymbiola nobilis	96~97,284
Cymbula granatina	250,274
Cyphoma gibbosum	72~73,278
Cypraea aurantium	54~55,279
Cypraea broderipii	61,279
Cypraea fultoni	59,279
Cypraea hirasei	63,279
Cypraea langfordi	64,279
Cypraea leucodon	62,279
Cypraea mauritiana	56~57,278~279
Cypraea teramachii	65,279
Cypraea tigris	58,278
Cypraea valentia	60,279
Cypraeidae	54~65,278~279
Cyrtopeleura costata	219,295

D - F

Delectopecten macrocheiricola	188,292
Dentaliidae	148~151,290
Dentalium aprinum	149,290
Dentalium elephantinum	149,290
Diacavolinia longirostris	189,288

Diacria trispinosa 189,288	Hysteroconcha lupanaria 225,295	Mimachlamys sanguinea 192,291
Entemnotrochus rumphii 90,274	Janthina janthina 208~209,281	Muricidae 11,22~27,32~35, 122~127,156~157, 248~249,281~282
Epitoniidae 48~49,281	Janthina prolongata 207,281	Mutela hargeri 237,293
Epitonium scalare 48~49,281	Janthinindae 207~209,281	
Equichlamys bifrons 199,292	Japelion hirasei 106~107,282	
Eucrassatella digueti 234~235,293		Natica chemnitzi 140~141,280
Euhadra decorata tobai 264~265,289	(L)	Natica cincta 143,280
Euhadra senckenbergiana senckenbergiana 264~265,289	Laciolina astrolabei 212,294	Natica fanel 142,280
	Lambis crocata pilsbryi 246~247,277	Naticidae 140~143,188,280
	Lambis millepeda 244~245,277	Nautilidae 12~13,295
	Lambis scorpius 247,277	Nautilus macromphalus 12~13,295
	Latiaxis mawae 22~25,282	Nemocardium bechei 228,293
Fasciolariidae 44~45,50~51,283	Leptomopa vitreum taivanum 186,276	Neptunea tabulata 38~39,282
Ficidae 11,110~111,280	Liguus spp. 253~255,289	Neritidae 193,201,203,205,276
Ficus gracilis 111,280	Liguus virgineus 252,289	Neritina communis 201,276
Ficus subintermedia 110,280	Limaria fragilis 188,292~293	
Ficus ventricosa 11	Limindae 188,292~293	Oliva bulbosa 236,284
Fissidentalium vernerdi 148,290	Littoraria pallescens 202,277	Oliva porphyria 52~53,284
Fissurella maxima 211,274~275	Littorinidae 144,202,277	Olividae 52~53,236,284
Fissurellidae 211,274~275	Lopha cristagalli 178,293	Opeatostoma pseudodon 44~45,283
Fusinus colus 50~51,283	Lophiotoma indica 152~153,287	Orthalicidae 252~255,289
	Lyroepcten corallinoides 220,292	Ouvla ovum 68~69,278
	Lyropecten nodosa 179,292	Ovulidae 68~73,206,278
(G) - (J)		
Gloriopallium speciosum 195,291~292	(M) - (O)	(P)
Gloripallium pallium 194,291		Papuina pulcherrima 257,289
Glossidae 228,294	Malleidae 164~165,291	Patellidae 211,250~251,274
Glossus humanus 228,294	Malleus albus 164~165,291	Pecten jacobaeus 16~17,291
Guildfordia yoka 168~169,275	Marginella goodalli 11	Pecten keppelianus 221,291
	Melo aethiopica 100~101,285	Pectinidae 2,16~17,179,188,192, 194~199,210,213~215, 220~221,291~292
Haliotiidae 92~93,275	Melongena melongena 104~105,283	Pedinogyra hayii 264~265,289
Haliotis fulgens 92,275	Melongena patula 102~103,283	Perotrochus quoyanus quoyanus 89,274
Haliotis parva 93,275	Melongenidae 102~105,108~109,283	Phasianella australis 138~139,275
Harpa articularis 10~11, 130~131,284	Mikadotrocus hirasei 91,274	Phasianella solida 204,275
Harpa costata 128~129,284	Mimachlamys crassicostata 2,196~197,291	Phasianellidae 138~139,204,275
Harpa doris 132~133,284	Mimachlamys gloriosa 198,292	Pholladidae 219,295
Harpago chiragra 162~163,278		Pictodentalium formosum 150~151,290
Harpidae 10~11,128~133,284		Pleurotomariidae 88~91,274
Helcion concolor 211,274		
Helicidae 252,289~290		
Homalocantha zamboi 248~249,281~282		

Poirieria zerandicus
    122~125,282
Polymita picta   11,258~261,289
Pomatiidae   262~263,
    270~271,276~277
Primovula trailli   206,278
Propeamussiidae   187,292
Propeamussium sibogai   187,292
Pseudopusula sanguinea   66,279
Pteria avicular   239,290~291
Pteria brevialata   238,290
Pteriidae   238~239,290~291
Puperita pupa   203,276

R - S

Ranellidae   114~119,134~135,
    280~281
Rapa rapa   32~35,282
Raphitomidae   28~31,287
Rhiostoma smithi   174~175,276

Scutellastra longicosta   250,274
Scutellastra optima   251,274
Siliquariidae   183,276
Sinum bifasciatus   188,280
Smaragdia rangiana   205,276
Smaragdia viridis   193,276
Spirula spirula   15,295
Spirulidae   15,295
Spondylidae   180~181,292
Spondylus regius   180~181,292
Stellaria solaris   166~167,278
Strombidae   20~21,120~121,
    162~163,176~177,
    244~247,277~278
Strombus gallus   176~177,277
Strombus gigas   120~121,277
Strombus latissimus   20~21,277

T

Tectarius coronatus   144,277
Tellinella cumingii   212,294
Tellinella staurella   212,294
Tellinidae   212,294
Tenagodus armata   183,276

Terbridae   158~159,216~217,287
Thatcheria mirabilis   28~31,287
Tonna cepa   145,281
Tonnidae   145,281
Tridacna squamosa
    222~223,293~294
Tridacnidae   222~223,293~294
Trigonostoma scalare
    154~155,285
Triplostephanus stearnsii
    158~159,287
Triviella aperta   67,280
Triviella rubra   66,279~280
Triviidae   66~67,279~280
Trochidae   200,275
Tropidophora cuvieriana
    262~263,277
Turbinella pyrum   112~113,282
Turbinellidae   42~43,112~113,282
Turbinidae
    136~137,168~169,275
Turbo petholatus   136~137,275
Turridae   152~153,287

U - X

Unionidae   237,293
Urocoptidae   268,288

Veneridae
    218,225~227,294~295
Vexillum citrium   146~147,283
Vexillum compressum
    146~147,283
Vexillum dennisoni   146~147,283
Vexillum sanguisugum
    147,283~284
Volutidae   94~101,160~161,
    284~285
Volutoconus bednalli   94~95,284
Volva habei   70~71,278

Xanthonychidae   11,258~261,289
Xenophora pallidada
    172~173,278
Xenophoridae   166~167,
    172~173,278

撮影後記
武井哲史

あまたの貝に捧げる
ひとつの試み

　曲がりくねった海岸線を、まるで曲芸のような運転でバスが走り抜ける。ちょっと酔いそうかな？と思った時、要塞都市アマルフィーは現れた。この南イタリアの観光地で、ボンゴレビアンコのスパゲッティーを食した後、土産物屋を覗いた。そこには20個体くらいのハチジョウダカラが置かれていた。一番気に入ったものをひとつ購入し、店番のおばさんに「この貝は何処で捕れたものか？」と聞いた。答えは実に明快で「イル・マーレ！海よ！」とのこと。ハチジョウダカラの霊力か、その後『タカラガイ』の図鑑の撮影をさせてもらうこととなった。

　タカラガイの撮影は最も難しい物撮りだった。卵形の球体で、その表面はガラス質の滑層面で覆われている。すべてが映り込み、しかもある程度テカリを入れないとその特徴が表現できないという厄介さ。しかしこの苦業で少し貝の世界に近づけた気がした。次の撮影は、飯野剛さんのコレクション『ウミウサギ』。その繊細な美しさに心打たれ、肉眼では認識しにくい成長線をマクロレンズが浮かび上がらせた時、その精緻さにはため息が出た。

　この二度の経験を経て、「図鑑の写真よりさらに美しく、そして貝の特徴をしっかり表現したものが撮れないだろうか？」と、思うようになった。数を絞り込み、一点一点の撮影に時間をかける、そんな写真集のような、またアートブックのような貝の本ができたらどんなに素敵だろう。想いは発酵し、現実のものとなった。

　試みたのは、写真という表現手段で、貝の深遠な宇宙にアプローチすること。小惑星に肉薄するハヤブサのように撮影したいと思ったのだ。形、柄、色彩、表面のテクスチャー、それらを最も的確にとらえるにはライティングが重要なのだが、貝は、角度を1mm変えるだけで表情ががらりと変わる。ライティングを1cm変えるだけで、見えてくる風景も変わってくる。図鑑では採用されない角度にも驚きの世界が多々あるのだ。ライティングのヒントは月にあった。月のクレーターが最もよく見えるのがサイドライトである。満月の時の光はベタ光なので、クレーターの特徴が見えにくい。三日月や半月の光の方がクレーターの特徴がはっきりわかるのだ。そのライティングを今回、この貝の撮影に応用した。

　執念深くリクエストしてもいやな顔ひとつせず、あまたの標本の中から、数々の個体を探し出してくださり、また、できあがった写真に知の土台を与えてくださった、千葉県立中央博物館キュレーターの黒住耐二さんの協力無くしてこの本は完成しませんでした。感謝の気持ちでいっぱいですが、まだ10万種のうちの200個体を撮ったにすぎず、貝の宇宙探査を終了するわけにはいかないだろう、との想いもあるのは確かです。とはいえ時既に遅し。世界の貝を全部見ないうちに、私の寿命が尽きるでしょう。やがて灰となった私の炭酸カルシウムは、風に吹かれて飛び散り海底に沈殿し、美しい貝殻を完成させるかもしれない。将来、あなたが浜辺で拾った美しい貝、それはもしかしたら私の再生品かもしれません。

2015年 初夏

参考文献

1959, 吉良哲明,『原色日本貝類図鑑 増補改訂版』, 保育社.
1960, 黒田徳米,『沖縄群島産貝類目録(頭足類を除く)』, 琉球大学.
1963, 鹿間時夫・掘越増興,『原色図鑑 世界の貝』, 北隆館.
1964, 鹿間時夫,『原色図鑑 続世界の貝』, 北隆館.
1966, 波部忠重・小菅貞男,『原色世界貝類図鑑II 熱帯太平洋編』, 保育社.
1967, 波部忠重・小菅貞男,『標準原色図鑑全集 貝』, 保育社.
1969, ガストン・バシュラール, 岩村行雄訳,『空間の詩学』, 思潮社.
1975, 波部忠重,『貝の博物誌』, 保育社.
1985, R.T. アボット & S.P. ダンス, 波部忠重・奥谷高司訳,『世界海産貝類大図鑑』, 平凡社.
1989, R. T. Abbott,『Compendium of Landshells』, American Malacologists.
1992, 佐野大和,『呪術世界と考古学』, 続群書類従完成会.
1995, 久保弘文・黒住耐二,『生態/検索図鑑 沖縄の海の貝・陸の貝』, 沖縄出版.
1996, 木下尚子,『南島貝文化の研究 貝の道の考古学』, 法政大学出版会.
1997, 岡本正豊・奥谷喬司,『貝の和名』, 相模貝類同好会.
2000, 奥谷喬司編,『日本近海産貝類図鑑』, 東海大学出版会.
2005, ポール・ヴァレリー, 東 宏治・松田浩則編訳,『ヴァレリー・セレクション下』, 平凡社.
2006, 九州国立博物館・朝日新聞社事業本部西部企画事業チーム編,
　　　『南の貝のものがたり』, 朝日新聞社事業本部西部企画事業チーム.
2007, 上村文隆,『生き物たちのエレガントな数学』, 技術評論社.
2009, ネイチャーウォッチング研究会編,『ネイチャーウォッチングガイドブック
　　　タカラガイ 生きている海の宝石』, 誠文堂新光社.
2010, 飯野 剛編,『ネイチャーウォッチングガイドブック ウミウサギ
　　　生きている海のジュエリー』, 誠文堂新光社.
2010, 佐々木猛智,『貝類学』, 東京大学出版会.
2010, M. Huber,『Compendium of Bivalves』, ConchBooks.

洗練をきわめた配色から神秘のフォルムまで、
自然が創る驚きのデザイン

美しすぎる世界の貝

NDC484.6

2015年7月16日　発行

監　修	黒住耐二
撮　影	武井哲史
発行者	小川雄一
発行所	株式会社 誠文堂新光社
	〒113-0033　東京都文京区本郷3-3-11
	（編集）電話03-5805-7285
	（販売）電話03-5800-5780
	http://www.seibundo-shinkosha.net/
印刷所	株式会社 大熊整美堂
製本所	和光堂 株式会社

©2015, Satoshi Takei, Sachiko Yamakita.
Printed in Japan
検印省略
禁・無断転載

落丁・乱丁本はお取り替え致します。

本書のコピー、スキャン、デジタル化等の無断複製は、著作権法上での例外を除き、禁じられています。本書を代行業者等の第三者に依頼してスキャンやデジタル化することは、たとえ個人や家庭内での利用であっても著作権法上認められません。

R〈日本複製権センター委託出版物〉本書を無断で複写複製（コピー）することは、著作権法上での例外を除き、禁じられています。本書をコピーされる場合は、事前に日本複製権センター（JRRC）の許諾を受けてください。
JRRC〈http://www.jrrc.or.jp/　E-mail: jrrc_info@jrrc.or.jp　電話03-3401-2382〉

ISBN978-4-416-61525-6

撮影
武井哲史
(Satoshi Takei)
東京都世田谷区生まれ。第12回日本広告写真家協会「スキャンダル展」APA賞受賞。70年代後半より雑誌『anan』『popeye』『BRUTUS』他多数で活動。ファッション、インテリア、旅などあらゆる撮影を手がける。書籍では『Dog Tales』(miropress)、『シェットランドのちいさなニット』『タカラガイ』『ウミウサギ』（誠文堂新光社）、『茶事の真髄』（世界文化社）他。

監修（貝解説）
黒住耐二
(Taiji Kurozumi)
京都府生まれ。小学生の時から貝を集めはじめ、コレクションに没頭し、幸運なことに現在は博物館で貝の担当をしている。貝殻があれば、どのようなことにも興味を示す。最近は、遺跡の貝、1万年前の貝、東南アジアの貝を見ることにより、移入種ばかり増えてしまっている日本の貝類の原風景を探る試みをしている。

編集
山喜多佐知子
(Sachiko Yamakita)
東京都杉並区生まれ。1980年代より雑誌、ムックなどで活動。書籍では『Dog Tales』『シェットランドのちいさなニット』『タカラガイ』（すべて同上）他。

装丁・デザイン
望月昭秀（ニルソンデザイン事務所）

コラム執筆
大木　卓

協力
石川　裕　岡本正豊　飯野　剛